高等职业教育机械类专业"十二五"规划教材
中国高等职业技术教育研究会推荐
高等职业教育精品课程

模具专业导论

苏艳红　主编

U0301858

国防工业出版社

·北京·

总　序

在我国高等教育从精英教育走向大众化教育的过程中,作为高等教育重要组成部分的高等职业教育快速发展,已进入提高质量的时期。在高等职业教育的发展过程中,各院校在专业设置、实训基地建设、双师型师资的培养、专业培养方案的制定等方面不断进行教学改革。高等职业教育的人才培养还有一个重点就是课程建设,包括课程体系的科学合理设置、理论课程与实践课程的开发、课件的编制、教材的编写等。这些工作需要每一位高职教师付出大量的心血,高职教材就是这些心血的结晶。

高等职业教育制造类专业赶上了我国现代制造业崛起的时代,中国的制造业要从制造大国走向制造强国,需要一大批高素质的、工作在生产一线的技能型人才,这就要求我们高等职业教育制造类专业的教师们担负起这个重任。

高等职业教育制造类专业的教材一要反映制造业的最新技术,因为高职学生毕业后马上要去现代制造业企业的生产一线顶岗,我国现代制造业企业使用的技术更新很快;二要反映某项技术的方方面面,使高职学生能对该项技术有全面的了解;三要深入某项需要高职学生具体掌握的技术,便于教师组织教学时切实使学生掌握该项技术或技能;四要适合高职学生的学习特点,便于教师组织教学时因材施教。要编写出高质量的高职教材,还需要我们高职教师的艰苦工作。

国防工业出版社组织一批具有丰富教学经验的高职教师所编写的机械设计制造类专业、自动化类专业、机电设备类专业、汽车类专业的教材反映了这些专业的教学成果,相信这些专业的成功经验又必将随着本系列教材这个载体进一步推动其他院校的教学改革。

方新

目　录

(c)

(d)

(e)

图 1.0.1 用模具生产的部分日用品

(a) 家用电器类;(b) 电子产品类;(c) 高档消费品类;(d) 汽车及其相关产品类;(e) 其他日用品类。

1.1 概 述

1.1.1 模具的概念

模具是指利用其自身的特定形状将材料成形为具有一定形状和尺寸制品(成品或半成品)的专用工具。

模具"自身的特定形状",是指由一件或多件与制品轮廓形状有关的凸模、凹模、型芯等零部件(称为工作零件)组成的空间形状,这种形状与制品形状一一对应。模具型面与制品型面之间存在类似于正与负的关系——实体方向相反,即对于同一个面,制品的形状若为凹型,模具的形状就为凸型;制品的形状若为凸型,模具的形状就为凹型,这种对应关系如图 1.1.1 所示。图 1.1.2(a)所示为较为原始、简单的一类模具——食品模具,图中鱼形松饼的逼真外形与其"模具"的鱼形型面即为对应的正负关系;图 1.1.2(b)所示为某矿泉水桶的吹塑模具,其直接成型水桶的模具型面与制品水桶型面之间也是对应的正负关系。

模具成形的"材料"可以是金属材料,如铁、铝、锌、铜及各种合金材料,也可以是非金属材料,如各种塑料、玻璃、陶瓷等;可以是材料的固态,也可以是材料的液态,甚至是材料的气态。针对不同材料,有的模具工作在室温环境,有的模具工作在加热环境,有的则工作在高温环境。

"成形"是指利用模具生产出制品的各种工艺手段,包括冲压、注射、压铸、模锻、吹塑、

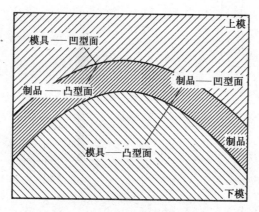

图 1.1.1　模具型面与制品型面的正负关系

挤出、搪塑等。不同的制品需要不同的"成形"工艺,因而需要不同种类的模具。

(a)

(b)

图 1.1.2　模具型面与制品型面正负关系的实例

(a) 鱼形松饼及其成形模具;(b) 某矿泉水桶的吹塑模具。

3

后,产品产量就难以提高。一套技术先进、制造精良的模具往往能以极高的速度生产出几十万件到数百万件甚至上千万件的产品,极大的生产批量将大大降低零件成本,"一模一样"、极其稳定的产品质量极大地保证了最终产品的质量,确保了产品的互换性及可靠性,保证了产品具有极强的市场竞争力,所以人们形象地称模具为"印钞机"。模具所形成的最终商品的产值是模具自身产值的上百倍,所以模具又称为"效益放大器",在日本,模具称为"进入富裕社会的原动力、金钥匙"。

　　深入各行各业,更能看出模具在现代工业中的作用及重要性。在标准件制造行业,如螺钉、螺母、垫圈、密封胶圈等,没有模具就无法巨量生产,拥有高效率、长寿命的模具是标准件生产企业的核心竞争力之一。在航空制造业中,一架军用战斗机约需要数千套、一架大型客机约需要一万套以上的各种模具,由于飞机生产的批量一般只有数千架,因此对模具寿命要求不高,但对模具制造成本、制造周期具有非常严格的要求,用最简单的模具结构、最低的成本、最快的速度解决大量大型复杂曲面的精确成形是航空模具的特点。在汽车制造行业,包括覆盖件、结构件、发动机(图 1.1.7(a))、内饰件(图 1.1.7(b))、车轮等在内的 90% 以上的零部件需要模具成形,制造一款普通轿车约需 1000 套冲压模具、200 多套型腔模具。图 1.1.8 所示为制造一款轿车会用到的部分模具。一款汽车的市场拥有量一般在 100 万辆左右,汽车的流水线生产速度一般为数十秒一辆,汽车模具不但要满足具有生产数十万件无故障的质量要求,而且要求工作效率要达到 1s/件～2s/件,优质、高效、

(a)

(b)

图 1.1.7　用模具生产的汽车零部件

(a)用精密铸造模具生产的汽车发动机;(b)用塑料注射模具生产的汽车整体仪表板。

安全是汽车模具的生命,因此汽车模具广泛采用三维设计、高速精密加工、新型模具材料、优质标准件、自动化等新技术。家电、IT 行业是竞争最激烈的行业,市场对产品的功能、质量、价格、外观、服务等都有全方位的要求,而模具决定着产品的质量、成本,尤其是外观,所以家电、IT 产品的竞争很大程度上是模具技术、模具质量、模具效率的竞争,"山寨"版产品之所以比不过品牌产品,首要的原因就是"山寨"版产品用的是"山寨"版模具,而品牌产品用的是优质、高科技模具。家电、IT 产品是靠生产批量、市场占有率来生存发展的,每一款产品的批量一般至少数十万台,一般数百万台,甚至数千万台,因此家电、IT 行业不但对模具质量有极其苛刻的要求,而且对生产效率也有极其苛刻的要求,为此,家电、IT 行业的模具广泛采用最前沿技术,如超精密加工、热流道技术、多色注射(图 1.1.9 所示为一副双色注射模具)、气辅注射、新型模具钢材料、机电一体化等,技术含量极高,附加值极大,成为模具技术发展最热门、最前沿的领域。表 1.1.1 是典型产品的模具需求情况。

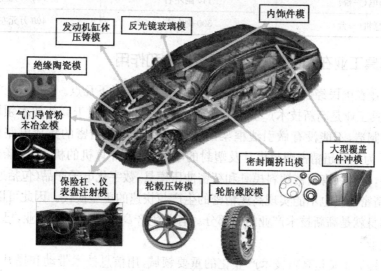

图 1.1.8 生产汽车所使用的模具

图 1.1.9 双色注射模具及其生产的电动工具手柄

表 1.1.1 典型产品的模具需求情况

产　品	需要模具数量	模具价值(人民币)
军用战斗机	1000 副以上	数千万~上亿元
大型客机	5000 副以上	数亿元~数十亿元
汽车(每款车型)	几千副	数千万~上亿元
摩托车(每个型号)	近千副	数百万~1000 多万元
电冰箱(一台)	350 副左右	4000 万元左右
全自动洗衣机(一台)	200 副左右	3000 万元左右
空调(一台)	20 副塑料模左右	150 万元左右
彩电(一台)	140 副左右	700 万元左右
计算机(一台)	300 副左右	400 万元左右

1.1.3　模具工业在国民经济中的重要地位和作用

模具工业在国民经济中的重要地位和作用还表现在以下几点。

(1) 模具工业是高新技术产业的一个组成部分。例如,属于高新技术领域的集成电路的设计与制造,不能没有做引线框架的精密级进冲模和精密的集成电路塑封模。图1.1.10 所示为一副超精密塑封模具及塑封的电子元件;计算机的机壳、接插件和许多元器件的制造,也必须有精密塑料模具和精密冲压模具;数字化电子产品(包括通信产品)的发展,没有精密模具也不能实现高速精密的生产与快速的更型换代。因此可以说,许多高精度模具本身就是高新技术产业的一部分。有些生产高精度模具的企业,已经被命名为高新技术企业。

(2) 模具工业又是高新技术产业化的重要领域,用信息技术带动和提升模具工业的制造技术水平,是推动模具工业技术进步的关键环节。以计算机技术为核心的 CAD/CAE/CAM 三维设计及仿真技术已经成为大型、复杂、精密、超长寿命模具设计的基本手段,高速数控铣机床、高精度长寿命刀具、超精密电火花及线切割加工设备已经成为先进模具制造的普遍手段,真空淬火技术、表面强化技术、表面腐蚀技术、镜面抛光技术、超硬材料加工技术、超精密加工技术等在模具制造中已经大量采用,如图 1.1.11 所示,新型模具材料、新型加工工艺、新型测量技术等正在模具制造领域不断推广。许多先进技术的应用,如快速原型制造技术等已经在新产品模具设计、制造领域广泛采用,推动着模具工业高速发展,而模具工业的发展又对一大批新技术提出了更高的要求,推动着高新技术产业的不断发展。

(3) 模具工业是装备工业的一个组成部分。1998 年 11 月召开的中央经济工作会议,首次明确提出了加大装备工业的开发力度,推进关键设备的国产化。将机械工业作为装备工业,把它同一般的加工工业区别开来,是对机械工业在国民经济中的地位与作用的重新定位。在德国,模具被称为"金属加工业中的帝王";在美、日、德、韩等国,模具工业的产值已超过机床工业,而且发展速度也比机床工业快许多。1982 年,美国模具年产值为57.70 亿美元,机床则为 55 亿美元;日本模具年产值为 8600 亿日元,而机床只有 7842 亿

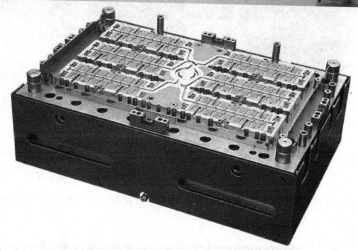

图 1.1.10　超精密塑封模具及塑封电子元件

日元,但到 2000 年模具产值达到创纪录的 1.87 万亿日元。模具之所以在工业发达国家受到如此重视,是因为模具具有"点石成金"的神奇效果。据国外统计资料,模具产值与其带动实现的工业产值之比为 3∶100,即每 300 万元模具产值可带动实现工业产值 1 亿元,而 2010 年中国模具产值达到 1000 亿,带动实现工业产值 30000 亿元以上。模具工业,已成为衡量一个国家工业化水平和创新能力的重要标志。

　　(4) 国民经济的五大支柱产业——机械、电子、汽车、石化、建筑,都要求模具工业的发展与之相适应。机械、电子、汽车工业需要大量的模具,特别是轿车大型覆盖件模具、电子产品的精密塑料模具和冲压模具,目前在质与量上都远不能满足这些支柱产业发展的需要,部分模具还得依靠进口(例如,一款轿车车型的车身覆盖件模具平均 2 亿元人民币,我国每年进口轿车覆盖件模具需要 36 亿元人民币)。图 1.1.12 所示为一副从德国进口的价值数百万的超大型高速精密模具,模具重达 30 多吨。我国石化工业一年生产 500 多万吨聚乙烯、聚丙烯和其他合成树脂,很大一部分需要塑料模具成形,做成制件,才能用于生产和生活的消费。图 1.1.13 所示为用注射模生产的新塑料产品制件。生产建筑业用

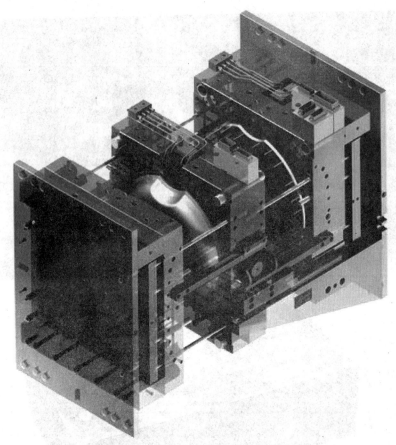

图 1.1.11　采用各种高科技技术的先进模具

的地砖、墙砖和卫生洁具，需要大量的陶瓷模具；生产塑料管件和塑钢门窗，也需要大量的塑料模具成型。

图 1.1.12　超大型高速精密进口模具

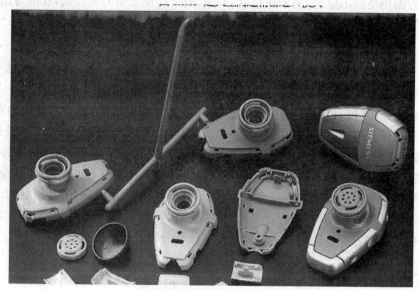

图 1.1.13　用注射模生产的新型塑料电子产品

1.1.4　我国模具业的现状

在我国,模具生产长期以来一直被当作工艺后方,直到 1987 年才作为产品列入机电产品目录。经过 20 多年的发展,我国模具已有了长足的进步,目前大约有 25000 多个模具生产厂点,职工约 80 万人,模具产值更是从 1987 年的 30 亿元到 2005 年突破 610 亿元(广东约 185 亿元,浙江 100 亿元,江苏 60 亿元,上海 40 亿元),其中,冲压模具约占 50%,塑料模具约占 33%,压铸模具约占 6%,其他各类模具约占 11%,在世界模具制造业中位居第三,仅次于第二位的美国和第一位的日本。根据统计资料显示,"十五"期间前四年模具工业平均每年都以 15% 以上增长速度发展,高于国民经济增长速度。不只是国内原有的国有模具企业有了很大发展,三资、民营和个体模具企业发展更为迅速。以三资企业为主体的广东省是中国目前的模具第一大省,约占中国模具产值的 40% 以上。以私营企业为主体的浙江省模具生产名列中国第二。江苏和上海,近年来模具生产发展速度相当快,市场份额正逐年增长。山东、安徽、福建、天津、辽宁近年的发展情况也比较好,而西部和中部地区的大多数省份,其发展速度就相对慢一些。总起来说,珠江三角洲和长江三角洲是中国模具市场发展最为集中的两大地区。

目前,国内已能生产精度达 $2\mu m$ 的精密多工位级进模,工位数最多已达 160 个,寿命 1 亿次～2 亿次。在大型塑料模具方面,现在已能生产 48 英寸电视的塑壳模具、6.5kg 大容量洗衣机的塑料模具,以及汽车保险杠、整体仪表板等模具。在精密塑料模具方面,国内已能生产照相机塑料模具、多型腔小模数齿轮模具及塑封模具等。在大型精密复杂压铸模方面,国内已能生产自动扶梯整体踏板压铸模及汽车后桥齿轮箱压铸模。在汽车模具方面,现已能制造新轿车的部分覆盖件模具。其他类型的模具,如子午线轮胎活络模具、铝合金和塑料门窗异型材挤出模等,也都达到了较高的水平,并可替代进口模具。

虽然中国模具工业目前取得了令人瞩目的发展,但许多方面与工业发达国家相比仍有较大的差距,仍不能满足我国制造发展需要,特别是中高档模具在精密、大型、复杂、长寿命模具方面仍是供不应求,由于在精度、寿命、制造周期及能力等方面,我国与国际水平和工业先进国家相比尚有较大的差距,因此每年尚需大量进口。

1.2 模具的分类

在工业生产中,模具用途广泛,种类繁多,其分类方法也很多,过去常使用的有:按模具完成工序数量分类,如单工序模、多工序模、复合冲模等;按行业分类,如汽车模具、航空模具等;按加工材料性质分类,如金属制品用模具、非金属制品用模具等;按模具材料分类,如合金工具钢模具、粉末冶金模具、硬质合金模具等。这些分类方法,均不能全面反映各种模具的结构和成形加工工艺特点以及它们的使用功能,为此,采用以使用模具进行成形加工的工艺性质和使用对象为主的综合分类方法,将模具分为十大类,而各大类模具,又可根据模具结构、材料、使用功能以及制模方法等分为若干小类或品种,见表1.2.1。

表1.2.1 模具的种类

序号	模具类型	模具品种	成形加工工艺性质及使用对象
1	冲压模具(冲模)	普通冲裁模,精冲模,弯曲模,拉深模,汽车覆盖件冲模,组合冲模,电机硅钢片冲模;单工序模具(冲裁、弯曲、拉深、成形等),复合冲模,级进模	板材(金属、非金属)冲压成形
2	塑料成型模具	压缩模具,压注模具,注射模具,热固性塑料注射模具,挤出成形模具(管材、薄膜扁平机头等),发泡成型模具,吹塑成型模具,真空吸塑模具等	塑料(热固性塑料和热塑性塑料)制品成形加工工艺
3	铸造模具	翻砂金属模,低压铸造模具,精密铸造模具(失蜡铸造模具),压力铸造模具	金属浇铸(铸造)成形工艺
4	锻造成形模具	热锻模,冷锻模,金属挤压模,切边模,其他锻造模	金属零件锻压、挤压成形

序号	模具类型	模具品种	成形加工工艺性质及使用对象
5	粉末冶金模具	金属粉末冶金模具,非金属粉末冶金模具	粉末制品压坯的压制成形工艺,如硬质合金刀片等
6	橡胶成型模具	橡胶注射模,橡胶压胶模,橡胶挤胶模,橡胶浇注模,橡胶封装模,其他橡胶模	橡胶模压成型 
7	拉丝模具	热拉丝模具,冷拉丝模具	金属丝材(如弹簧丝)的拉制 
8	无机材料成型模	玻璃成型模,陶瓷成型模,水泥成型模,其他无机材料成型模	无机材料成型 
9	经济模具(简易模具)	低熔点合金成形模具,薄板冲模,叠层冲模,硅橡胶模,环氧树脂模,陶瓷型精铸模,叠层型腔塑料模,快速电铸成形模	适用多品种少批量工业产品用模具,有很高经济价值 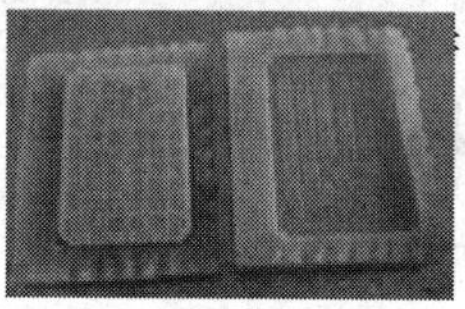
10	其他模具	食品成型模具,包装材料成型模具,复合材料成型模具,合成纤维模具等	食品、包装、复合材料等的模压成型,如巧克力、月饼模具 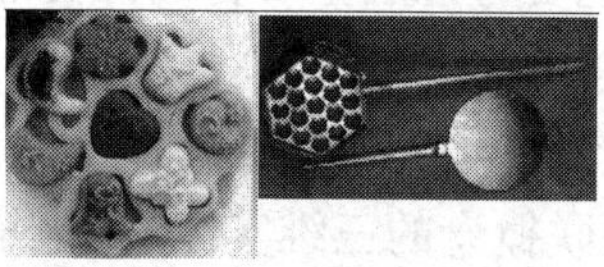

1.3 模具设计与制造的特点

尽管模具已经成为时下最为诱人的"奶酪",但"樱桃好吃树难栽"。首先,模具属于精密机械产品,制造难度极高;其次,当前,我国工业生产的特点是产品品种多,更新换代快,市场竞争残酷激烈,用户对模具制造的要求是制件质量要好,交货期要短,模具精度要高,模具价格要低。因此,对模具设计与制造都提出了相当高的要求。

1.3.1 模具制造的一般流程

现代模具制造的一般流程如图 1.3.1 所示。

13

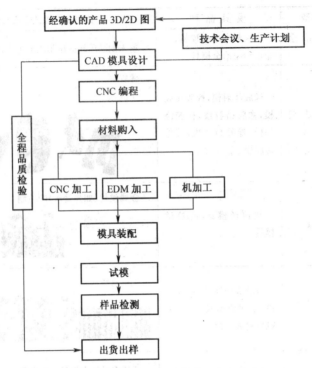

图 1.3.1 现代模具制造的一般流程

1.3.2 模具设计的特点

模具设计是随工业产品零件的形状、尺寸与尺寸精度、表面质量要求以及其成型工艺条件的变化而变化的,所以每副模具都必须进行创造性的设计,是一项经验性和专业性都很强的工作。一般模具设计需要综合产品零件的基本要求,再结合本企业的模具制造能力,同时也要考虑成型设备的性能、规格型号等各种相关因素后,进行制件工艺分析与设计、模具总体方案设计、总体结构设计、施工图设计等四大项工作。

人在设计零件时的原始冲动是三维的,是有颜色、材料、硬度、形状、尺寸、位置、制造工艺等关联概念的三维实体,甚至是带有相当复杂的运动关系的三维实体。从一个零件的二维图去构想它的三维模型是相当困难的,甚至会产生歧义,存在不确定性,而由零件的三维模型生成它的二维工程图则是相对简单,也是唯一的。因此,随着科技的进步,传统的图板加丁字尺的二维模具设计方式几乎已经全部被计算机辅助设计所替代,国内模具企业中已有相当多的厂家普及了计算机绘图(二维 CAD),并陆续开始使用了高档 CAD/CAE/CAM,如 UG、Pro/Engineer、I-DEAS、Euclid-IS 等国际通用著名软件在中国模具工业应用已相当广泛。一些厂家还引进了 Mold-flow、C-Flow、DYNAFORM、Optris 和 MAGMASOFT 等 CAE 软件,并成功应用于塑料模、冲压模和压铸模的设计中。近年来,我国自主开发 CAD/CAE/CAM 系统有很大发展。目前,世界上汽车的改型换代一般约需 48 个月,而美国仅需 30 个月,这主要得益于在模具业中应用了 CAD/CAE/CAM 技术和三维实体汽车覆盖件模具结构设计软件。另外,网络技术的广泛应用提供了可靠的信息载体,实现了异地设计和异地制造。同时,虚拟制造等 IT 技术的应用,也将推动模具工业的发展。

利用 CAD 辅助模具设计的一般流程如图 1.3.2 所示。在 2D 加工图的指导下就可以进行模具制造了。

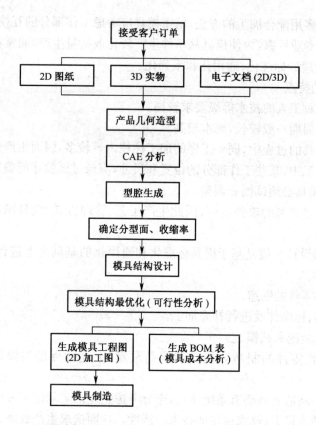

图 1.3.2　利用 CAD 辅助模具设计的一般流程

1.3.3　模具制造的特点

现代工业产品的生产对模具要求越来越高,模具结构日趋复杂,制造难度日益增大。模具制造正由过去的劳动密集和主要依靠工人的手工技巧及采用传统机械设备转变为技术密集,更多地依靠各种高效、高精度的数控切削机床、电加工机床,从过去的机械加工时代转变成机、电结合加工以及其他特殊加工时代,模具钳工量正呈逐渐减少之势。现代模具制造集中了制造技术的精华,体现了先进制造技术,已成为技术密集型的综合加工技术。

虽然模具用于产品的批量生产,但模具本身不是批量生产的,它具有单件生产和对特定用户的依赖特性。其制造特点如下:

1. 模具生产的工艺特点

(1)制造模具零件的毛坯,通常用木模、手工造型、砂型铸造或自由锻造加工而成。大毛坯的精度较低,加工余量较大。

(2)加工模具零件,除用普通机床加工外,如车床、万能铣床、内外圆磨床和平面磨床

15

等，还需要用高效、精密的专用加工设备和机床等加工，如成形磨削机床、电解加工机床、数控电火花线切割机床、电火花穿孔机床和仿型刨床等。

（3）加工模具零件多用通用夹具，以划线和试切法保证尺寸的精度。为降低成本，很少用专用夹具加工。

（4）一般模具多用配合加工的方法，精密模具应考虑工作部分的互换性。

（5）模具生产专业厂家，为使模具从单件生产转化成批量生产，通常都实现了零部件和工艺技术及其管理的标准化、通用化和系列化。

2. 模具制造的特点

（1）模具制造对工人的技术等级要求较高。

（2）模具生产周期一般较长，成本较高。

（3）在制造模具的过程中，同一工序的加工往往内容较多，因而生产效率较低。

（4）模具在加工中，某些工作部分的位置和尺寸，应经过试验才能确定。

（5）装配后，模具必须试模和调整。

（6）模具生产是典型的单件生产，因此生产工艺、管理方式、模具制造工艺等都有独特的适应性与规律。

由于现代模具设计一般是基于模具标准化和通用化的基础之上进行的，所以模具制造主要有三项工作。

（1）模具工作零件的制造。

（2）配购通用、标准件及进行补充加工。

（3）进行模具装配和试模。

其中，模具工作零件的制造和模具装配是重点，上述特点也主要针对工作零件的制造。

模具的设计与制造必须要有系统观点，充分考虑企业的实际情况和产品的生产批量，在保证产品质量的前提下，寻求最佳的技术经济性。片面追求生产效率、模具精度和使用寿命必然导致成本的增加，只顾降低成本和缩短制造周期而忽视模具精度和使用寿命必然导致质量的下降。最终要保证在较短的制造周期内，模具的质量、精度和使用寿命达到客户的要求，并且成本低廉。

1.4 模具设计与制造的技术要求

模具设计与制造技术是一项技术性和经验性都很强的工作，它包括成形工艺设计、模具设计与模具制造三大基本工作。其中，成形工艺设计是模具设计的基础和依据，模具设计的目的是保证实现成形工艺，而模具制造则是模具设计过程的延续，目的是使设计图样，通过原材料的加工和装配，转变为具有使用功能和使用价值的模具实体。图1.4.1所示为模塑产品通常的生产流程，模塑技术工作包括成形工艺设计、模具设计及模具制造三方面内容。尽管三者的内容不同，但三者之间都存在着相互关联、相互影响和相互依存的联系。三者基本内容和要求见表1.4.1。

模具设计与制造的技术要求，总结起来主要有以下几个方面。

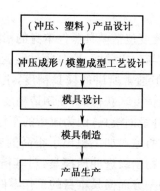

图 1.4.1　冲压及模塑产品的生产流程

表 1.4.1　冲压/模塑技术工作的基本内容和要求

项 目 名 称	基 本 内 容	基 本 要 求
冲压成形/模塑成型工艺设计	针对给定的产品图样,根据其生产批量的大小、企业现有成形设备的类型规格、模具制造能力及工人技术水平等具体条件;从对产品零件图的成形工艺性分析入手,经过必要的工艺计算,制定出合理的成形工艺方案(冲压方案包括冲压工序性质、数量、顺序,工序组合方式及工序定位方式的确定;模塑成型方案包括模塑成型方法及工艺流程、成型工艺条件等的确定),最后填写成形工艺卡	(1) 冲压材料利用率高;生产效率高;技术上先进可行,经济上合理;符合冲压变形规律,保证冲压出合格工件;方便工厂的生产组织与管理。 (2) 原材料耗费少;成型周期短;技术上先进可行,经济上合理;成型出合格的塑件;方便工厂的生产组织与管理
模具设计	依据制定的成形工艺规程,冲压模具设计需考虑毛坯的定位、出件、废料排出等诸问题;塑料模具设计需考虑分型面的选择、型腔的排列方式、浇注系统的形式、塑件的侧向抽芯、推出、冷却或加热、排气等诸问题,以及模具的制造维修方便、操作安全可靠等因素,然后设计计算并构思出与成形设备相适应的模具总体结构,并绘制出模具总装图和所有非标准零件图,保证冲压/模塑工艺的实施	(1) 模具结构尽量简单,但要坚固耐用,满足批量生产的要求。 (2) 加工精度合理。 (3) 制造维修(维护)方便。 (4) 操作方便,工作安全可靠,工人劳动强度低。 (5) 成本低廉。 (6) 模具标准化程度高。 (7) 生产准备周期短
模具制造	根据模具结构、模具材料、尺寸精度、行为公差、工作特性和使用寿命等要求,综合考虑各方面的特点,并充分发挥现有设备的一切特长,正确选择加工方法和装配方法,选出最佳加工方案,制定出合理的模具加工工艺规程	(1) 模具的质量满足客户要求,并加工出合格的产品。 (2) 模具的精度满足客户要求。 (3) 短的制造周期。 (4) 合理的使用寿命。 (5) 低廉的成本

17

1. 模具的精度

要保证模具的精度。模具精度包括模具零件本身的精度和发挥模具效能所具有的精度,如凸、凹模的尺寸精度、形状与位置精度,模具零件装配后各零件之间的平行度、垂直度及定位与导向配合等精度。但通常所讲的模具精度,主要是指模具工作零件的精度。一般来说,模具精度是通过制造精度来获得的,而制造精度又受到加工方法及加工自身精度的限制。如图1.4.2所示车灯镜面模具,因为成型的车灯是透明件,要求模具的成型表面在保证精度的前提下达到镜面,这对加工提出了很高的要求。对大批量冲压成形用的模具,如图1.4.3所示电机转子精密级进冲压模具,对其精度要求是:一方面要求同一模具成形出来的产品可以互换;另一方面模具本身的工作零件如有损坏,也要求可以互换。

图 1.4.2　车灯镜面模具

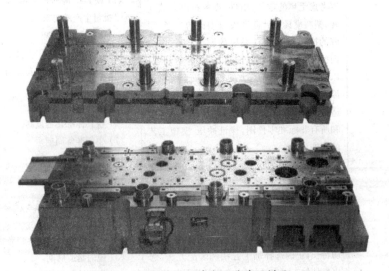

图 1.4.3　电机转子精度级进冲压模具

2. 模具的寿命

要保证模具的使用寿命。模具的使用寿命是指模具在使用过程中的耐用程度,一般同一模具成形的产品越多,则标志模具的寿命越长。提高冲模寿命是一个综合性问题,除了正确选用模具材料以外,还应在模具结构设计、制造方法、测试设备、热处理工艺、模具使用时的润滑条件及所用冲压设备的精度等方面综合予以改进和提高。

模具寿命并非越高越好,模具寿命应该与产品生产批量相匹配,如图1.4.4所示的一次性塑料杯的生产批量就非常大,根据其产量,模具寿命一般从几十万件到数百万件不等。

图1.4.4　一次性塑料杯及其模具

3. 模具的成本

要保证模具的成本低廉。模具成本是指模具设计制造费用与模具维修保养费用之和与模具成形出的产品总数的比值。在模具生产厂家,主要是指模具的制造费用。由于模具是单件生产,加之模具本身的复杂程度和精度要求都较高,故模具的成本较高。为了降低模具的制造成本,应根据冲压件批量大小,合理选择模具材料,制定合理的加工工艺规程及设法提高劳动效率。

4. 模具的安全与维护

设计模具时,应把保证人身安全的问题放在首位,它优先于对工序数量、制作费用等方面的考虑。比如,尽量避免操作者的手或身体的其他部位伸入模具的危险区,如图1.4.5所示,在冲床和液压机上安装的光电保护器是目前最有效的一种安全保护装置;手必须进入模内操作的,在模具结构设计时应尽量考虑操作方便,并尽可能缩短操作者手在模内操作的时间等;保证模具的零件及附件有必要的强度和刚度,防止在使用时断裂和变形。

图1.4.5　安装在冲床和液压机上的光电保护装置

模具的维护是指使模具保持初期状态的维持管理。适当地实施模具维护管理,对企业依照计划来进行生产以及提高设备的使用率,都是非常重要的。模具的维护一般分为日常维护、事故维护、定期维护与改良维护。

日常维护是指正常的模具清扫、点检及对可动部的给油等作业。此作业是经常确认模具处于正常状态,也能早期发现异常。

在模具进行加工的状态,会出现某些变化,形成无法继续使用的状态,如毛边变大、尺寸不对等情形。因为发生类似的异常而开始进行模具维护的内容,即称为"事故维护",这是模具维护中内容最多的一项。图1.4.6所示为采用激光维修汽车保险杠模具。

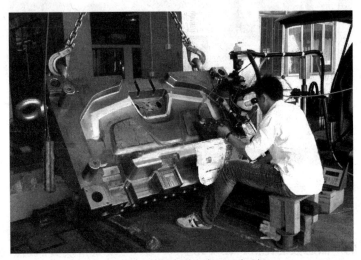

图1.4.6 激光维修汽车保险杠模具

模具磨损是存在于每一副模具上的。模具的定期维护是在异常磨耗的领域附近实施的。这个时期的冲压加工数是很容易掌握的。在达到规定的加工数时,实施模具维护,就是计划性的维护。不但容易掌握维护项目,也易控制维护时间。

为了达到延长模具寿命(维护周期)、稳定品质、容易维护等目的,而改良部分模具特别维护称为改良维护。

在维护模具上,模具的装配及分解的容易程度,是进行维护作业的重要因素。模具的设计与制造在考虑模具的大小等情形下,决定零件的固定方法或螺栓的旋紧方向等,必须考虑减少模具翻转等工作。

5. 模具的制造周期

要保证模具的制造周期。模具的制造周期是指完成模具制造全过程所需的时间。模具制造周期的长短主要取决于制模技术和生产管理水平的高低。为了满足生产需要,提高产品竞争能力,必须在保证质量的前提下尽量缩短模具制造周期。为此,在制造模具时,应力求缩短模具零件加工工艺路线,制定合理的加工工序,编制科学的工艺标准,经济合理地使用加工设备,并推行和采用"成组加工工艺"、模具标准件和模具技术。

6. 模具的标准化

凡是工业较为发达的国家,对标准化工作都十分重视,因其能给工业带来质量、效率和效益。模具是专用成形工具产品,虽然个性化强,但也是工业产品,所以标准化工作十分重要。

中国模具标准化体系包括四大类标准,即:模具基础标准、模具工艺质量标准、模具零部件标准及与模具生产相关的技术标准。模具标准又可按模具主要分类分为冲压模具标准(标准件见图1.4.7)、塑料注射模具标准(标准件见图1.4.8)、压铸模具标准、锻造模具标准、紧固件冷镦模具标准、拉丝模具标准、冷挤压模具标准、橡胶模具标准、玻璃制品模具和汽车冲模标准(标准件见图1.4.9)等十大类。目前,中国已有50多项模具标准共300多个标准号及汽车冲模零部件方面的14种通用装置和244个品种,共363个标准。对于冲压模具目前有经国家标准局批准的"冷冲模国家标准",该标准的内容包括零件标

图 1.4.7　冲压模具标准件

图 1.4.8　塑料模具标准件

准、部件标准(标准件见图 1.4.10)、组合标准、技术条件四个部分,共 139 个标准号。随着国际交往的增多、进口模具国产化工作的发展以及三资企业对其配套模具的国际标准要求的提出:一方面,在标准制订上注意了尽量采纳国际标准或国外先进国家标准,包括采纳先进企业的标准;另一方面,许多模具标准件生产企业根据市场需要,除按中国标准生产模具标准件外,同时也按国外先进企业的标准生产模具标准件。例如,日本"富特巴"、美国"DME"、德国"哈斯考"等公司的标准已在中国广为流行。

图 1.4.9 汽车模具标准件(斜楔及自润滑导向件)

图 1.4.10 模具标准零部件

由于模具标准件可以直接购买,模具的设计与制造只需要专注于工作零件等非标零件即可,有效地提高模具的生产效率、缩短模具的开发周期、提高模具质量和技术水平、降低模具制造成本。但我国的模具产业起步比较晚,而模具标准化的制订和推行工作更是落后于欧美一些工业发达国家。模具的标准化工作是一项需要模具企业和模具相关人员积极参与的工作。

应该指出,模具设计与制造必须根据企业和产品生产批量的实际情况进行全面考虑,在保证产品质量的前提下,寻求最佳的技术经济性。片面追求生产效率、模具精度和使用寿命,必然导致成本的增加;只顾降低成本和缩短制造周期而忽视模具精度和使用寿命,必然导致模具质量的下降。

思考与练习

1. 观察日常生活中的学习、生活、家电、电子产品,分析哪些是用模具生产的? 是用哪类模具生产出来的?

2. 请收集一套图片或照片,展示一个模塑产品从图纸到实物的模具设计与制造过程。

3. 请结合自身的体会,简要叙述一下模具的重要性。

模块 2 工程材料成形工艺及设备

【学习目标】

掌握常见冲压成形工艺方法及其特点,熟悉常用冲压材料的种类,了解常用冲压设备的种类与特点;掌握常见塑料的模塑成型工艺方法及其特点,熟悉常用塑料的种类及其特点,了解常用塑料成型设备的种类与特点;了解其他材料成型工艺及设备。

【学习要求】

观察周边各类用模具成形的产品,试着分析它们具体的材料及其成形工艺方法;参观模具企业至少一次,进一步了解各类模具的使用情况,观察模具的动作过程及其与设备间的关系,为后期的专业学习提供感性认识。

工程材料种类很多,主要分金属材料和非金属材料两大类,但材料常用的成形工艺方法却有很多。金属材料常用的成形方法有铸造、压力加工(锻压加工)、焊接等,其中的压力加工又以锻造成形和板料的冲压成形为主。非金属材料主要有塑料、陶瓷和复合材料三大类,其中塑料常用成型方法有注射成型、压缩成型、压注成型、挤出成型等。

本模块主要介绍板料的冲压成形工艺与设备、塑料材料常见的成形工艺与设备,并对压铸和模锻成型作了简要介绍。

2.1 冲压成形工艺及设备

2.1.1 冲压成形综述

1. 冲压成形的概念

冲压成形是制造业中最常用的一种先进的材料成形加工方法,属于压力加工(锻压成形)的范畴。它是通过模具使板材产生塑性变形而获得成品零件的一种成形工艺方法。由于冲压通常在常温下对材料进行冷变形加工(只有当板材厚度超过 8mm~10mm 时,才采用热冲压),而且冲压加工的原材料一般为板材或带材,因此也称冷冲压或板料冲压。常见冲压件如图 2.1.1 所示。

2. 冲压成形的特点

冷冲压和切削加工、锻造、铸造工艺等比较,具有以下优点。

(1)冲压加工是少切屑、无切屑加工方法之一,是一种省能、低耗、高效的加工方法,因而制品的成本较低。

(2)冲压件的尺寸公差由模具保证,具有"一模一样"的特征,所以产品质量稳定,互换性好。

(3)在压力机简单冲击下,能够获得其他的加工方法难以加工或无法加工的壁薄、重

图 2.1.1　各种常见冲压件

量轻、形状复杂、表面质量好、刚性好的工件,如汽车外覆盖件、仪表外壳等。

(4) 冲压生产由压力机和模具完成加工过程,生产率高,操作简便,易于实现机械化与自动化。用普通压力机进行冲压加工,每分钟可达几十件,而用高速压力机生产,可实现由带料开卷、矫平、冲裁到成形、精整的全自动生产,每分钟可达数百件、上千件,生产效率高。图 2.1.2 所示为常见冲压自动化生产线,图 2.1.3 所示为东方电机厂 400t 自动化冲压生产线。

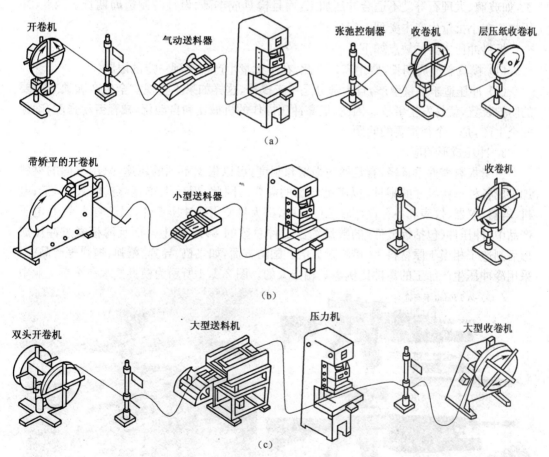

图 2.1.2　自动供料冲压生产线布置图
(a)薄料用自动生产线;(b)一般冲压件的生产线;(c)大型冲压件的生产线。

25

图 2.1.3　东方电机厂 400t 自动化冲压生产线

　　(5) 在大批量生产的条件下,冲压制件成本较低。但不是所有的材料都适合冲压加工,如玻璃、大理石等就不适合冲压加工,而且模具成本高、设计与制造周期长。因此,冲压加工在小批量生产中受到一定限制。

　　板料冲压主要的缺点如下:

　　(1) 模具制造周期长,费用高。因此,在小批量生产中受到一定的限制。

　　(2) 冲压适于批量生产,且大部分是手工操作,这样如果不重视安全生产和缺乏必要的防护装置,就易发生事故。因此,提高冲压操作的机械化和自动化,减轻劳动强度,确保安全生产,是一个很重要的问题。

　　3. 冲压成形的应用

　　由于板料零件重量轻,有足够的强度和刚度,可以根据不同的用途,采用不同的材料加工成各种形状尺寸的零件,以满足产品的需要。因此,现代汽车、航空、航天、军工、电机、电器、仪器、仪表和各种民用轻工产品中,都大量使用冷冲压零件,据概略统计,在电子产品中,冲压件(包括钣金件)的数量约占工件总数的 85% 以上。而且薄板经过冲压成形后制造了相当于原材料 12 倍的附加值。国防方面,如飞机、导弹、枪弹、炮弹等产品中,采用冷冲压生产加工的零件比例也是相当大的。图 2.1.4 所示为模具技术在军事工业中

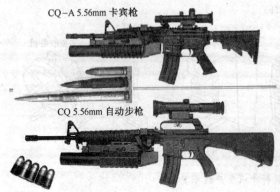

图 2.1.4　模具技术在军事工业中的应用

的应用。随着汽车和家用电器的飞跃发展,许多先进的工业国家,对发展冷冲压生产给予高度的重视。在模具工业总产值中冷冲模的比例很大,约占50%。

2.1.2 常用冲压材料

冲压广泛应用于金属制品各行业中,某些非金属板材(如胶木板、云母片、石棉、皮革等)亦可采用冲压成形工艺进行加工。图2.1.5所示为常用冲压材料。

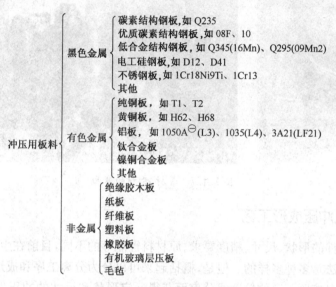

图 2.1.5 常用冲压材料

冲压用板料的表面和内在性能对冲压成品的质量影响很大,不仅要满足产品设计的技术要求,还应当满足冲压工艺的要求和冲压后继的加工要求(如切削加工、焊接、电镀等)。对于冲压材料的要求是:厚度精确、均匀;表面光洁,无斑、无疤、无擦伤、无表面裂纹等;屈服强度均匀,无明显方向性;均匀延伸率高;屈强比低;加工硬化性低。

在实际生产中,常用与冲压过程近似的工艺性试验,如拉深性能试验、胀形性能试验等检验材料的冲压性能,以保证成品质量和高的合格率。

冲压用材料的形态有各种规格的板料、带料和块料(图2.1.6)。板料的尺寸较大,一般用于大型零件的冲压,对于中小型零件,多数是将板料剪裁成条料后使用。带料(又称

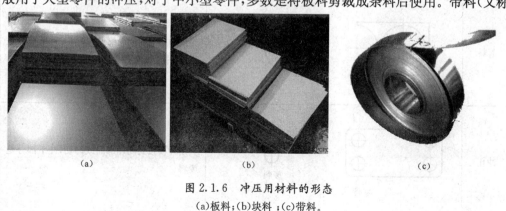

(a)   (b)   (c)

图 2.1.6 冲压用材料的形态
(a)板料;(b)块料;(c)带料。

卷料)有各种规格的宽度,展开长度可达几千米,适用于大批量生产的自动送料,材料厚度很小时也是做成带料供应。块料只用于少数钢号和价钱昂贵的有色金属的冲压。

除了板材可以冲压外,型材也可以冲压,如管材、型材的弯曲(图2.1.7),管材的胀形、缩口(成形)等。

图 2.1.7　管材、型材的弯曲

2.1.3　常见冲压成形工艺

由于冲压件的形状、尺寸、精度要求、原材料性能等的不同,目前在生产中所采用的冲压成形工艺方法是多种多样的。但是,概括起来可以分为分离工序和成形工序两大类:分离工序是使板料按照一定的轮廓线分离而获得一定形状和尺寸的冲压件;成形工序是坯料在不破裂的条件下产生塑性变形而获得一定形状和尺寸的冲压件。

上述两类工序按冲压方式又分为很多基本工序,见表2.1.1和表2.1.2。

在实际生产中,当生产批量大时,如果仅以表中所列的基本工序组成冲压工艺过程,生产率低,不能满足生产需要。因此,一般采用组合工序,即把两个或两个以上的基本工序组合成一道工序,构成所谓的复合、级进、复合—级进的组合工序,如落料—拉深复合冲压、冲孔—落料级进冲压等。

表 2.1.1　分离工序

工序名称	简　图		特点及应用范围
落料	废料	零件	用冲模沿封闭轮廓线冲切,冲下部分是零件,用于制造各种形状的平板零件
冲孔	零件	废料	用冲模按封闭轮廓曲线冲切,冲下部分是废料

28

工序名称	简　图	特点及应用范围
切断	零件	用剪刀或冲模沿不封闭曲线切断，多用于加工形状简单的平板零件
切边		将成形零件的边缘修切整齐或切成一定形状
剖边		把冲压加工零件的半成品切开成为两个或数个零件，多用于不对称零件的成双或成组冲压成形之后

表 2.1.2　成形工序

工序名称	简　图	特点及应用范围
弯曲		把板材沿直线弯成各种形状，可以加工形状极为复杂的零件
卷圆		把板材端部接近封闭的圆头，用于加工类似铰链的零件
扭曲		把冲裁后的半成品扭转成一定角度
拉深		把板材毛坯成形制成各种空心的零件
变薄拉深		把拉深加工后的空心半成品进一步加工成为底部厚度大于侧壁厚度的零件
翻孔		在预先冲孔的板材上或未经冲孔的板材冲制成竖立的边缘
翻边		把板材半成品的边缘曲线或圆弧成形成竖立的边缘

工序名称	简 图	特点及应用范围
拉弯		在拉力与弯矩共同作用下实现弯曲变形,可得精度较好的零件
胀形		在双向拉应力作用下实现的变形,可以成形各种空间曲面形状的零件
起伏(压筋)		在板材毛坯或零件的表面上用局部成形的方法制成各种形状的凸起与凹陷
扩口		在空心毛坯或管状毛坯的某个部位上使其径向尺寸扩大的变形方法
缩口		在空心毛坯或管状毛坯的某个部位上使其径向尺寸减小的变形方法
旋压		将平板毛坯或预先成型的毛坯固定到旋转的芯模上,用旋轮对毛坯施加压力,旋轮同时作轴向送进,经过一次或多次加工,得到各种薄壁空心回转体制品的工艺方法

2.1.4 常用冲压设备

1. 常用冲压设备的种类

冲压成形设备的类型很多,以适应不同的冲压工艺要求,在我国锻压机械的八大类中,它就占了 1/2 以上,一般可分为机械式压力机、电磁压力机、液压式压力机和气动式压力机四类。而在冲压生产中用得最多的是机械式压力机,它包括曲柄压力机、肘杆式压力机、摩擦压力机等。另外,冲压设备还有如下分类。

(1) 按滑块的数量,可分为单动、双动、三动。

(2) 按连杆数目,可分为单连杆、双连杆、四连杆。

(3) 按机身结构可分为开式(图 2.1.8(a))、闭式(图 2.1.8(b)),单拉、双拉,可倾、不可倾。

(4) 开式压力机又可分为单柱(图 2.1.8(c))和双柱压力机。

(5) 开式压力机按照工作台结构,可分为倾斜式、固定式和升降台式(图 2.1.8(d))。

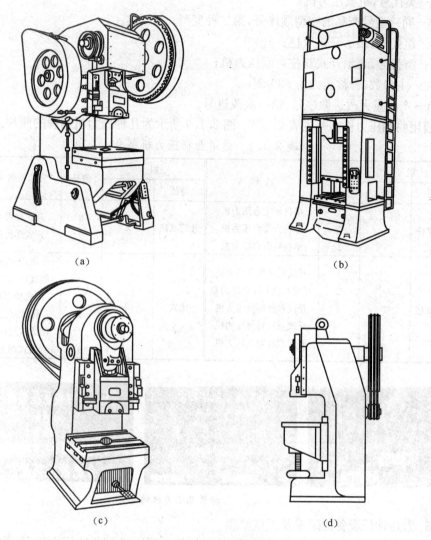

(a)   (b)

(c)   (d)

图 2.1.8 压力机类型

(a) 开式双柱可倾压力机；(b) 闭式压力机；(c) 单柱固定台式压力机；(d) 升降台压力机。

2. 冲压设备的代号

我国锻压机械的分类和代号见表 2.1.3。

表 2.1.3 锻压机械分类和代号

序号	类别名称	汉语简称及拼音	拼音代号	序号	类别名称	汉语简称及拼音	拼音代号
1	机械压力机	机 ji	J	5	锻机	锻 duan	D
2	液压机	液 ye	Y	6	剪切机	切 qie	Q
3	自动锻压机	自 zi	Z	7	弯曲校正机	弯 wan	W
4	锤	锤 chui	C	8	其他	他 ta	T

按照锻压机械型号编制方法(JB/GQ 2003—84)的规定，曲柄压力机的型号用汉语拼音字母、英文字母和数字表示。型号表示方法举例说明如下，型号为"JB 23—63A"：

J—类代号,机械压力机;

B—同一型号产品的变型顺序号,第二种变型;

2—组代号,表示开式双柱;

3—型代号,表示开式双柱可倾压力机;

63—主参数,公称压力为630kN;

A—产品重大改进顺序号,第一次改进号。

通用曲柄压力机型号见表2.1.4。图2.1.9所示为几种压力机铭牌的照片。

表2.1.4 通用曲柄压力机型号

组		型号	名 称	组		型号	名 称
特征	号			特征	号		
开式单柱	1	1	单柱固定台压力机	开式双柱	2	8	开式柱形台压力机
		2	单柱升降台压力机			9	开式底传动压力机
		3	单柱柱形台压力机				
开式双柱	2	1	开式双柱固定压力机	闭式	3	1	闭式单点压力机
		2	开式双柱升降台压力机			2	闭式单点切边压力机
		3	开式双柱可倾压力机			3	闭式侧滑块压力机
		4	开式双柱转台压力机			6	闭式双点压力机
		5	开式双柱双点压力机			7	闭式双点切边压力机
						9	闭式四点压力机

图2.1.9 几种常见压力机的铭牌

3. 常用冲压设备的组成及工作原理

在冲压生产中,最常用的是曲柄压力机(如偏心压力机和曲轴压力机,俗称冲床)、摩擦压力机和液压压力机。

1) 曲柄压力机

典型的曲柄压力机结构简图如图2.1.10所示。曲柄压力机一般由工作机构与传动系统(图2.1.11)、操纵系统、能源系统和支承部件组成,此外还有各种辅助系统和附属装置,如润滑系统、顶件装置、保护装置、滑块平衡装置、安全装置等。

(1) 工作机构。一般为曲柄滑块机构,如图2.1.12所示,由曲轴、连杆、滑块、导轨等零件组成。其作用是将传动系统的旋转运动变换为滑块的往复直线运动;承受和传递工作压力;在滑块上安装模具。

(2) 传动系统。如图2.1.13所示,曲柄压力机的传动系统包括带传动和齿轮传动等机构。将电动机的能量和运动传递给工作机构,并对电动机的转速进行减速获得所需的行程次数。

(3) 操纵系统。如离合器、制动器及其控制装置用来控制压力机安全、准确地运转。

（4）能源系统。如电动机和飞轮。飞轮能将电动机空程运转时的能量储存起来,在冲压时再释放出来。

（5）支承部件。如机身。把压力机所有的机构连接起来,承受全部工作变形力和各种装置的各个部件的重力,并保证整机所要求的精度和强度。

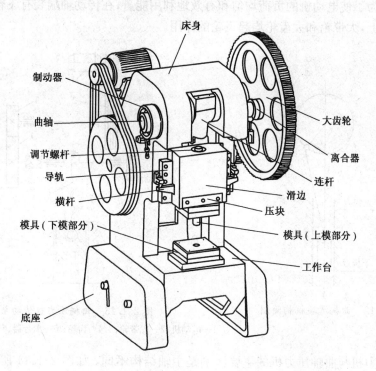

图 2.1.10　曲柄压力机结构简图

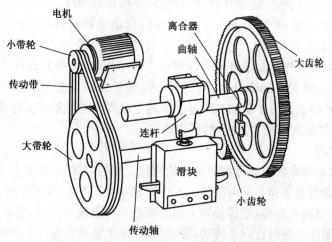

图 2.1.11　曲柄压力机的工作机构与传动系统

尽管曲柄压力机类型众多,但其工作原理是相同的。图 2.1.12 所示为曲轴压力机的运动原理,图 2.1.13 所示为曲轴压力机的传动系统。电动机 1 的能量和运动通过带传动 2 传递给中间传动轴,再由齿轮 3 和 4 传动给曲轴,经连杆 6 带动滑块 7 作上下直线移动。因此,曲轴的旋转运动通过连杆变为滑块的往复直线运动。将上模固定于滑块上,下模固定于工作台垫板上,压力机便能对置于上、下模间的材料加压,依靠模具将其制成工件,实现压力加工。由于工艺需要,曲轴两端分别装有离合器 5 和制动器,以实现滑块的间歇运动或连续运动。压力机在整个工作周期内有负荷的工作时间很短,大部分时间为空程运动。为了使电动机的负荷均匀和有效地利用能量,在传动轴端装有飞轮,起到储能作用。该机上,大带轮和大齿轮均起飞轮的作用。

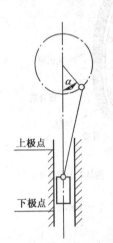

图 2.1.12 曲柄滑块机构简图

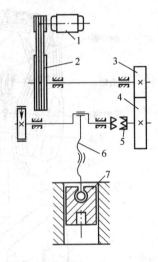

图 2.1.13 曲柄压力机传动系统

1—电动机;2—皮带轮;3、4—齿轮;5—离合器;6—连杆;7—滑块。

　　偏心压力机与曲轴压力机的主要区别是主轴结构不同,如图 2.1.14 所示。偏心压力机的主轴为曲拐轴或偏心轴,而曲轴压力机的主轴为曲轴。偏心压力机因为有偏心套的存在,行程不大但可调整,适宜作冲裁、弯曲和浅拉伸等冲压工作,生产效率高。一般情况下,用手工送料可达 50 次/min～100 次/min,自动送料时,可高达 700 次/min 左右。曲轴压力机的特点是行程较大,它的行程等于曲轴偏心半径的 2 倍,但行程不能调整,要使行程能调节,可将工作台制成升降式或转动式的结构,也可将其连杆装在偏心套筒上,而偏心套筒装在曲轴的曲拐部分上,调节偏心套相对曲轴角度位置,即可调节行程。目前,大多采用这种办法。由于曲轴在床身上有两个或多个对称轴承支撑着,压力机所受负荷较均匀,故可制造大行程、大吨位的压力机。

　　2)摩擦压力机

　　摩擦压力机是借螺杆与螺母相对运动的原理工作的,其结构如图 2.1.15 所示。电动机 1 带动左、右摩擦盘 3 和 5 同向旋转。工作时踏板 13 下压,通过杠杆 10、7 的作用,操纵带摩擦盘的传动轴 4 右移,使传动轴上的摩擦盘 3 与飞轮 6 接触,借助于飞轮与摩擦盘的摩擦作用,使螺杆 9 顺时针向下转动,带动滑块 12 下移进行冲压。相反,踏板 13 上提,通过杠杆作用,使右摩擦盘 5 与飞轮 6 接触,飞轮向上旋转,滑块上升。

　　摩擦压力机的特点是结构简单,价格低廉。当超负荷时,仅仅只引起飞轮与摩擦盘之间的打滑,而不致折断机件,它适用于冲裁小型工件,缺点是飞轮轮缘磨损大,生产效率低。

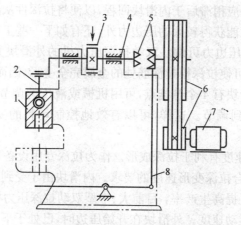

图 2.1.14 偏心压力机传动系统
1—滑块;2—连杆;3—制动装置;4—偏心轴;5—离合器;6—皮带轮;7—电动机;8—操纵机构。

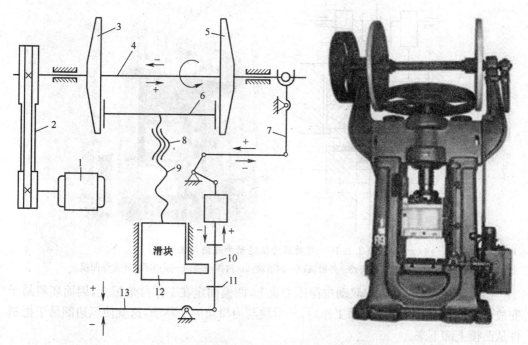

图 2.1.15 摩擦压力机传动系统图与实物图
1—电动机;2—传动带;3、5—摩擦盘;4—轴;6—飞轮;7、10—连杆;
8—螺母;9—螺杆;11—挡块;12—滑块;13—踏板。

3) 双动拉深压力机

双动拉深压力机是具有双滑块的压力机。图 2.1.16 所示为上传动式双动拉深压力机结构简图,它有一个外滑块和一个内滑块。外滑块用来落料或压紧坯料的边缘,防止起皱,内滑块用于拉深成形;外滑块在机身导轨上作下止点有"停顿"的上下往复运动,内滑块在外滑块的内导轨中作上下往复运动。

拉深工艺除要求内滑块有较大的行程外,还要求内、外滑块的运动密切配合。在内滑块拉深之前,外滑块先压紧坯料的边缘;在内滑块拉深过程中,外滑块应保持始终压紧的状态;拉深完毕,外滑块应稍滞后于内滑块回程,以便将拉深件从凸模上卸下来。

双动拉深压力机除能获得较大的压边力外,还有如下一些工艺特点。

(1) 压边刚性好且压边力可调。双动拉深压力机的外滑块为箱体结构,受力后变形小。所以压边刚性好,可使拉深模拉深筋处的金属完全变形,因而可充分发挥拉深筋控制金属流动的作用。外滑块有4个悬挂点,可用机械或液压的调节方法调节各点的装模高度或油压,使压边得到调节。这样,可以有效地控制坯料的变形趋向,保证拉深件的质量。

(2) 内、外滑块的速度有利于拉深成形。作为拉深专用设备,双动拉深压力机的技术参数和传动结构,更符合拉深变形速度的要求。内滑块由于受到材料拉深速度的限制,一般行程次数较低。为了提高生产率,目前大、中型双动拉深压力机多采用变速机构,以提高内滑块在空程时的运动速度。外滑块在开始压边时,已处于下止点的极限位置,其运动速度接近于零,因此对工件的接触冲击力很小,压边较平稳。

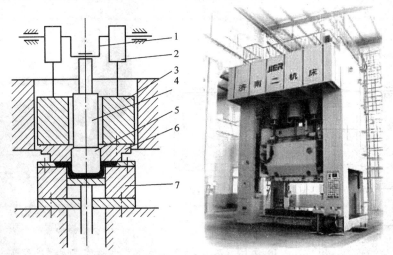

图 2.1.16 双动压力机运动原理图与实物图

1—曲柄;2—凸轮机构;3—外滑块;4—内滑块;5—拉深凸模;6—压边圈;7—拉深凹模。

(3) 便于工艺操作。在双动拉深压力机上,凹模固定在工作台垫板上,因而坯料易于安放与定位。而且在完成拉深工作后,外滑块与内滑块向上移动,这就使压边圈易于把制件从凸模上卸下来。

由于双动拉深压力机具有上述工艺特点,因此特别适合于形状复杂的大型薄板件或薄筒形件的拉深成形。

4) 液压压力机

图 2.1.17 所示是一台四柱液压机。液压机是根据帕斯卡原理,即"密闭容器中的液体各部分压强相等",通过液体来传递并获得巨大压力的一种机械。它具有工作平稳、无噪声和无振动的优点。液压机主要用于拉深件的成形,广泛用于汽车配件、电动机、电器行业的罩形件特别是深罩形件的成形,同时也可以用于其他的板料成形工艺,还可用于粉末冶金等需要多种力的压制成形。

液压机按驱动方式分为油压机和水压机两种。液压机的特点如下:

（1）活动横梁与压边滑块由各自液压缸驱动，可分别控制工作压力、压制速度。空载快速下行和减速的行程范围可根据工艺需要进行调整，从而提高了工艺适应性。

（2）压边滑块与活动横梁联合动作，可当作单动液压机使用，此时工作压力等于主缸与压边液压缸压力的总和，能够增大液压机的工作能力，扩大加工范围。

（3）有较大的工作行程和压边行程，有利于大行程工件（如深拉深件、汽车覆盖件等）的成形。

(a)   (b)

图 2.1.17　四柱液压机外形

(a) 四柱液压机；(b) 框架式液压机。

5）精冲压力机

精密冲裁（简称精冲）是一种先进的冲裁工艺，采用这种工艺可以直接获得剪切面粗糙度 $Ra3.2\mu m \sim Ra0.8\mu m$ 和尺寸精度达到 IT8 级的零件（图 2.1.18），大大提高了生产效率。

如图 2.1.19 所示，精冲是依靠 V 形齿圈压板 2、反压顶杆 4 和凸模 1、凹模 5 使板料 3 处于三向压应力状态下进行的。而且精冲模具的冲裁间隙（约为被冲压材料厚度的 1%）比普通冲裁模具间隙（约为被冲压材料厚度的 10%）要小，精冲剪切速度低且稳定。因此，提高了金属材料的塑性，保证冲裁过程中，沿剪切断面无撕裂现象，从而提高剪切表面的质量和尺寸精度。由此可见，精冲的实现需要通过设备和模具的作用，使被冲材料剪切区达到塑性剪切变形的条件。

精冲压力机就是用于精密冲裁的专用设备（图 2.1.20），它具有以下特点，以满足精冲工艺的要求。

（1）能实现精冲的三个要求，提供五方面作用力。精冲过程为：首先由齿圈压板、凹模、凸模和反压顶板压紧材料；接着凸模施加冲裁力进行冲裁，此时压料力和反压力应保持不变，继续夹紧板料；冲裁结束滑块回程时，压力机不同步地提供卸料力和顶件力，实现卸料和顶件。压料力和反压力能够根据具体零件精冲工艺的需要在一定范围内单独调节。

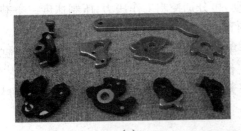
(a)

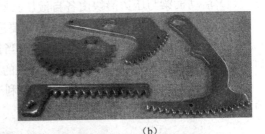
(b)

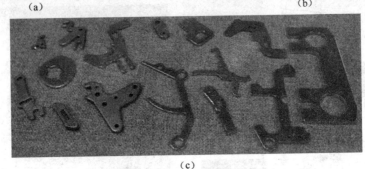
(c)

图 2.1.18　常见汽车精冲件
(a)汽车门锁精冲件;(b)汽车齿板精冲件;(c)纺织机械精冲件。

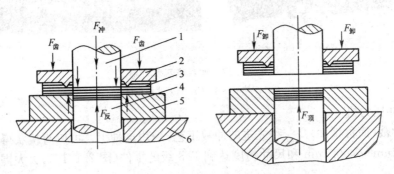

图 2.1.19　齿圈压板精冲简图
1—凸模;2—V形齿圈压板;3—板料;4—反压顶杆;5—凹模;6—下模座。
$F_冲$—冲裁力;$F_齿$—齿圈压力;$F_反$—反顶力;$F_卸$—卸料力;$F_顶$—顶件力。

(2)冲裁速度低且可调。实验表明,冲裁速度过高会降低模具寿命和剪切面质量,故精冲要求限制冲裁速度,而冲裁速度低将影响生产率。因此,精冲压力机的冲裁速度在额定范围内可无级调节,以适应冲裁不同厚度和材质零件的需要。目前,精冲的速度范围为5mm/s～50mm/s,为提高生产效率,精冲压力机一般采取快速闭模和快速回程的措施来提高滑块的行程次数。

(3)滑块有很高的导向精度。精冲模的冲裁间隙很小,一般单边间隙为料厚的0.5%。为确保精冲时上、下模的精确对正,精冲压力机的滑块有精确的导向,同时,导轨有足够的接触刚度,滑块在偏心负荷作用下,仍能保持原来的精度,不产生偏移。

(4)滑块的终点位置准确,其精确度为±0.01mm。因为精冲模间隙很小,精冲凹模多为小圆角刃口,精冲时凸模不允许进入凹模的直壁段,为保证既能将工件从条料上冲断

图 2.1.20 精冲压力机
(a) 精密冲床;(b) 精冲液压机。

又不使凸模进入凹模,要求冲裁结束时凸模要准确处于凹模圆弧刃口的切点,才能保证冲模有较长的寿命。

(5) 电动机功率比通用压力机大。因最大冲裁力在整个负载行程中所占的行程长度比普通冲裁大,精冲的冲裁功约为普通冲裁的两倍,而精冲压力消耗的总功率约为通用压力机的 5 倍。

(6) 床身刚性好。床身有足够的刚度去吸收反作用力、冲击力和所有的振动,在满载时能保持结构精度。

(7) 有可靠的模具保护装置及其他辅助装置。精冲压力机均已实现单机自动化,因此,需要完善的辅助装置,如材料的矫直、检测、自动送料、工件或废料的收集、模具的安全保护等装置。图 2.1.21 所示为精冲压力机的全套设备示意图。

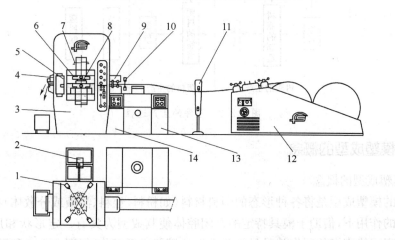

图 2.1.21 精冲压力机全套设备示意图
1—精冲件和废料光电检测器;2—取件(或吹气)装置;3—精冲压力机;
4—废料切刀;5—光电安全栅;6—垫板;7—模具保护装置;8—模具;9—送料装置;10—带料末端检测器;
11—机械或光学的带料检测器;12—带料校直设备;13—电气设备;14—液压设备。

2.2 塑料成型工艺及设备

塑料工业包含塑料原料(图2.2.1)的生产和塑料制品(又称塑料制件,简称塑件)的生产。塑件的生产是一种复杂的过程,它主要由原料准备、成型加工、机械加工、修饰和装配等过程组成,如图2.2.2所示,而其中的成型加工主要指的是模塑成型,其后的机械加工、修饰和装配等过程,是根据制品的需要而增设的后处理过程。

图2.2.1 塑料原料

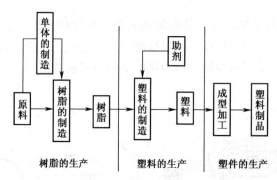

图2.2.2 塑件的生产过程

2.2.1 模塑成型的概念

1. 模塑成型的概念

塑件的模塑成型是将各种形态的塑料材料(如粉料、粒料、溶液或分散体)在一定的温度和压力的作用下,借助于模具特定的密闭腔体使其成型为具有一定形状和尺寸的塑料制件的过程。蜂窝煤的制作就是最简单常见的模塑成型工艺,如图2.2.3所示。

2. 模塑成型的特点

用模塑成型塑件的方法是塑料制件最有效、最主要的一种加工方法,它可以一次性成型各种结构复杂、尺寸精密和带有金属嵌件的制品,并且成型周期短,可以一模多腔,生产效率高,大批生产时成本低廉,易于实现自动化生产。

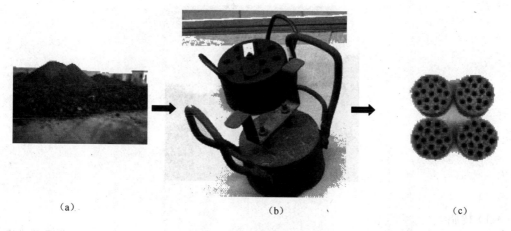

(a)   (b)   (c)

图 2.2.3 蜂窝煤的制作

(a)煤炭;(b)蜂窝煤模具;(c)蜂窝煤。

3. 模塑成型的应用

近年来,随着塑料工业的飞速发展和通用与工程塑料在强度和精度等方面的不断提高,塑料制品的应用范围也在不断扩大,塑料制品所占的比例正迅猛增加。一个设计合理的塑料件往往能代替多个传统金属件。工业产品和日用产品塑料化的趋势不断上升。

塑料具有质轻、比强度高,优异的电绝缘性能和优良的化学稳定性能,减摩、耐磨和自润滑特性,减振、消声、透光及防护性能等优点,因此塑料模塑产品已被广泛用于农业、工业、建筑、包装、国防尖端工业以及人们日常生活等各个领域。

工业方面,电气和电子工业广泛使用塑料制作绝缘材料和封装材料;在机械工业中用塑料制成传动齿轮、轴承、轴瓦及许多零部件代替金属制品;在化学工业中用塑料作管道、各种容器及其他防腐材料;在建筑工业中作门窗、楼梯扶手、地板砖、天花板、隔热隔声板、壁纸、落水管件及坑管、装饰板和卫生洁具等;在汽车工业中,塑料模塑制品包括座椅、方向盘、仪表盘等内饰件,汽车外部的保险杠、遮阳板、门把手等一些结构件和功能件等。

在国防工业和尖端技术中,无论是常规武器、飞机、舰艇,还是火箭、导弹、人造卫星、宇宙飞船和原子能工业等,塑料都是不可缺少的材料。

在人们的日常生活中,塑料的应用更广泛,如市场上销售的塑料凉鞋、拖鞋、雨衣、手提包、儿童玩具(图 2.2.4)、牙刷、肥皂盒、热水瓶壳等。目前,在各种家用电器,如电视机、收录机、电风扇、洗衣机、电冰箱等方面也获得了广泛的应用。

农业方面,大量塑料被用于制造地膜、育秧薄膜、大棚膜和排灌管道、鱼网、养殖浮漂等。

塑料作为一种新型包装材料,在包装领域中已获得广泛应用,如各种中空容器、注塑容器(如周转箱、集装箱、桶等)、包装薄膜、编织袋、瓦楞箱、泡沫塑料、捆扎绳和打包带等。

2.2.2 常用塑料及其特性

1. 塑料的定义与组成

塑料是以树脂为主要成分,并根据不同树脂或制品的不同性能要求,加入不同的添加剂,在一定温度和压力下塑造成一定形状,并在常温下能保持既定形状的高分子有机材料。

图 2.2.4　儿童游乐场

1) 树脂

　　树脂是指受热时通常有转化或熔融范围,转化时受外力作用具有流动性,常温下呈固态或半固态或液态的有机聚合物,它是塑料最基本的,也是最重要的成分,主要起黏结作用,如图 2.2.5 所示。广义地讲,在塑料工业中作为塑料基本材料的任何聚合物都可称为树脂。树脂的成分决定了塑料的主要性能(物理性能、化学性能、力学性能及电性能),也决定了塑料的类型(热塑性或热固性)。

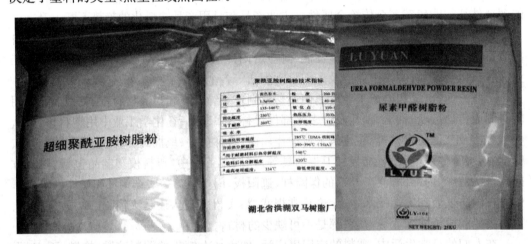

(a)

(b)

图 2.2.5　树脂原料

2) 填料

填料在塑料中主要起增强作用,有时还可以使塑料具有树脂所没有的性能。

3) 增塑剂

增塑剂是为改善塑料的性能、提高柔软性而加入塑料中的一种低挥发性物质。

4) 稳定剂

稳定剂能阻缓材料变质。

5) 着色剂

着色剂是为了使塑料附上色彩,起着美观和装饰的作用。有的着色剂还具有其他性能,如耐候性。

6) 润滑剂

润滑剂的作用是为了降低塑料内部分子之间的相互摩擦或者减少和避免对模具的磨损。

需要说明的是,并非每种塑料都要加入全部的添加剂,应根据塑料品种和需求有选择性地加入某些添加剂。

2. 塑料的分类

塑料的种类很多,目前尚无确切的分类,一般主要有以下两种分类。

(1) 按其受热后所表现的性能不同,可分为热固性塑料和热塑性塑料两大类。

① 热固性塑料:是指在初受热时变软,可以塑制成一定形状,但加热到一定时间后或加入固化剂后就硬化定型,再加热则不熔融也不溶解,形成体型(网状)结构物质的塑料,如酚醛塑料、环氧塑料、氨基塑料等。

② 热塑性塑料:是指在特定温度范围内能反复加热和冷却硬化的塑料。这类树脂在成形过程中只发生物理变化而没有化学变化,所以,受热后可多次成形。其废料可回收和重新利用。常用的热塑性塑料有聚乙烯、聚氯乙烯、聚苯乙烯、ABS、有机玻璃、尼龙等。

(2) 按塑料用途分为通用塑料、工程塑料和特种塑料。

① 通用塑料:一般指产量大、用途广、成型性好、价廉的塑料,如聚乙烯、聚丙烯、聚氯乙烯等。

② 工程塑料:一般指能承受一定的外力作用,并有良好的力学性能和尺寸稳定性,在高、低温下仍能保持其优良性能,可以作为工程结构件的塑料,如 ABS、尼龙、聚砜等。

③ 特种塑料:一般指具有特种功能(如耐热、自润滑等),应用于特殊要求的塑料,如氟塑料、有机硅等。

3. 塑料的工艺性能

塑料的工艺性能体现了塑料的成形特性,包括流动性、收缩性、结晶性、吸水性、固化速度、比容和压缩比、挥发物含量等。这里主要介绍塑料的流动性、收缩性、固化速度和挥发物含量。

1) 流动性

塑料在一定的温度与压力下充满模具型腔的能力称为流动性。塑料的黏度越低,流动性越好,越容易充满型腔。

塑料的流动性对塑料制件质量、模具设计以及成形工艺影响很大。流动性好，表示容易充满型腔，但也容易造成溢料；流动性差，容易造成型腔填充不足。形状复杂、型芯多、嵌件多、面积大、有狭窄深槽及薄壁的制件，应选择流动性好的塑料。

2）收缩性

塑料自模具中取出冷却到室温后发生尺寸收缩的特性称为收缩性，其大小用收缩率来表示。

由于原料的差异、配料比例和工艺参数的波动，使塑料的收缩率不是一个常数，而是在一定范围内变化。同一制件在模塑时，由于塑料的流动方向不同，受力的方向不同，各个方向的收缩也会不一致。这种收缩的不均匀在制件内部产生内应力，使制件产生翘曲、弯曲、开裂等缺陷。由于内应力存在等原因，冷却后的制件仍将继续产生收缩或变形，称为后收缩。

如制件成形后还要进行退火等热处理，则在这些热处理后制件还可能要产生收缩，称为后处理收缩。

3）固化速度

固化速度是指从熔融状态的塑料变为固态制件时的速度。对热塑性塑料是指冷却凝固速度，对热固性塑料是指发生交联反应而形成体型结构的速度。固化速度通常是以固化制件单位厚度所需的时间表示，单位为 s/mm。

固化速度用来确定成形工艺中的保压时间，固化速度快，表示所需的保压时间短。热固性塑料因要进行交联反应，它的固化速度比热塑性塑料慢得多，所需的保压时间也就要长得多。固化速度的大小除与塑料种类有关外，还可以通过将原料进行预热、提高模具温度、加大模塑压力等提高固化速度。

4）挥发物含量

塑料中的挥发物包括水、氯、氨、空气、甲醛等低分子物质。挥发物的来源如下。

（1）塑料生产过程中遗留下来及成形之前在运输、保管期间吸收的。

（2）成形过程中化学反应产生的副产物。塑料中挥发物的含量过大，收缩率大，制件易产生气泡、组织疏松、变形翘曲、波纹等弊病。但挥发物含量过小，则会使塑料流动性降低，对成形不利。因此，一般都对塑料中挥发物含量有一个规定，超过这个规定时应对原料进行干燥处理。

2.2.3 常见模塑成型工艺

塑件的模塑成型工艺方法有很多，有30多种塑料成型方法，如注射、压缩、压注、挤出、吹塑、发泡等。这里主要介绍注射模塑、压缩模塑、压注模塑、挤出模塑和吹塑模塑。

1. 注射模塑

注射模塑也称注塑，是塑件的一种重要成型方法。注射成型是使热塑性或热固性模塑料先在加热料筒中均匀塑化，而后由柱塞或移动螺杆推挤到闭合模具的模腔中成型的一种方法。

注射模塑成型工艺过程包括加热预塑、合模、注射、保压、冷却定形、开模、推出制件等主要工序。现以螺杆式注塑机的注射模塑为例予以阐述，如图2.2.6所示。

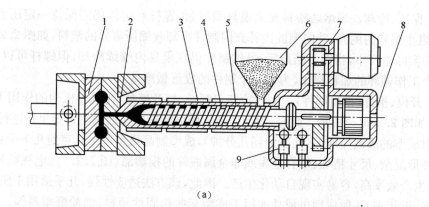

(a)

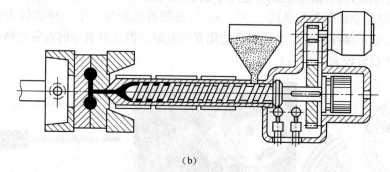

(b)

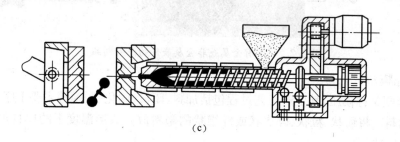

(c)

图 2.2.6　塑件成型过程

(a)合模注射;(b)保压冷却;(c)加料预塑、开模推出制件。

1—模具;2—喷嘴;3—加热装置;4—螺杆;5—料筒;6—料斗;

7—螺杆传动装置;8—注射液压缸;9—行程开关。

　　(1)加料、预塑。由注塑机的料斗 6 落入料筒 5 内一定量的塑料,随着螺杆 4 的转动沿着螺杆向前输送。在输送过程中,塑料受加热装置 3 的加热和螺杆剪切摩擦热的作用而逐渐升温,直至熔融塑化成黏流状态,并产生一定的压力。当螺杆头部的压力达到能够克服注射液压缸 8 活塞后退的阻力(背压)时,在螺杆转动的同时逐步向后退回,料筒前端的熔体逐渐增多,当螺杆退到预定位置时,即停止转动和后退。到此,加热塑化完毕,如图 2.2.6(c)所示。

　　(2)合模、注射。加料预塑完成后,合模装置动作,使模具 1 闭合,接着由注射液压缸带动螺杆按工艺要求的压力和速度,将已经熔融并积存于料筒端部的熔融塑料(熔料)经喷嘴 2 注射到模具型腔,如图 2.2.6 (a)所示。

(3) 保压、冷却。当熔融塑料充满模具型腔后,螺杆对熔体仍需保持一定压力(即保压),以阻止塑料的倒流,并向型腔内补充因制件冷却收缩所需要的塑料,如图 2.2.6(b)所示。在实际生产中,当保压结束后,虽然制件仍在模具内继续冷却,但螺杆可以开始进行下一个工作循环的加料塑化,为下一个制件的成形做准备。

(4) 开模、推件(推出制件)。制件冷却定型后,打开模具,在顶出机构的作用下,将制件脱出,如图 2.2.6(c)所示。此时,为下一个工作循环做准备的加热预塑也在进行之中。

注射成型的成型周期短(几秒钟到几分钟),成型制品质量可由几克到几十千克,能一次成型外形复杂、尺寸精确、带有金属或非金属嵌件的模塑品(图 2.2.7)、电视机外壳(图 2.2.8),生产效率高,容易实现自动化生产。因此,该方法适应性强,几乎适用于所有的热塑性塑料,近年来,注射成型也成功地用于成型某些热固性塑料,如酚醛塑料等。注射成型的制品占目前全部塑料制品的 20%～30%,是塑料成型加工中一种比较先进、重要的成型工艺,目前正继续向着高速化和自动化方向发展。但注射成型的设备价格昂贵,模具复杂,一次性投资较大。

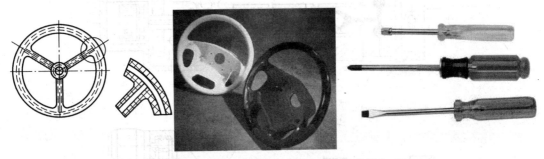

图 2.2.7　带有金属或非金属嵌件的注射制品

2. 压缩模塑

压缩模塑又称模压,其生产工艺过程包括加料、闭模、固化、脱模等主要工序。

(1) 加料。将粉状、粒状、碎屑状或纤维状的塑料放入成形温度下的模具加料腔中,如图 2.2.9(a)所示。

(2) 合模加压。上模向下运动使模具闭合,然后加热、加压,熔融塑料充满型腔,产生交联反应固化成形,如图 2.2.9(b)所示。

(3) 开模取件。当型腔中的塑料冷却后,打开模具,取出制件,即完成一个模塑过程,如图 2.2.9(c)所示。

压缩模塑的优点是:没有浇注系统,耗料少,使用设备为一般压力机,模具结构简单;塑料在型腔内直接受压成形,压力损失小,有利于压制流动性较差的以纤维为填料的塑料,还可压制较大平面的制件。其缺点是:生产周期长、效率低;合模面处易产生飞边(也称溢料,如图 2.2.10 所示),制件尺寸不精确;不能压制带有精细和易断嵌件的制件;自动化程度低。

压缩模塑的适用对象:

(1) 几乎所有热固性塑料。虽然热固性塑料可用注射、压注等方法来成型,但压缩模塑在热固性塑料加工中依然是应用范围最广且居主导地位的成型加工方法。常见的有酚醛、脲醛、环氧塑料、不饱和聚酯、氨基塑料、聚酰亚胺、有机硅等,也可用于热塑性的聚四

图 2.2.8 电视机外壳及其安装在注射机上的模具

氟乙烯和 PVC 唱片生产。

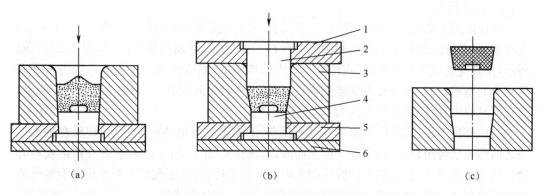

图 2.2.9 压缩模塑成型过程

(a)加料;(b)合模加压;(c)开模取件。

1、5—凸模固定板;2—上凸模;3—凹模;4—下凸模;6—垫板。

(2)适于形状复杂或带有复杂嵌件的制品,如电器零件(各种电源插头、手柄等,如图 2.2.11 所示),电话机件,收音机外壳等。

图 2.2.10 飞边

（3）无翘曲变形的薄壁平面热塑性塑料制品。但由于生产效率低，很少采用。

(a)   (b)

图 2.2.11 压缩模塑的制品

(a)PVC 唱片；(b)电源插头。

3. 压注模塑

压注模塑又称传递模塑，其生产工艺过程与压缩模塑基本相同。如图 2.2.12 所示，先将塑料（最好是经预压成锭料和预热的塑料）加入模具的加料腔 2 内，如图 2.2.12(a) 所示，使其受热成为黏流状态，在柱塞 1 压力的作用下，黏流塑料经过浇注系统进入并充满闭合的型腔，塑料在型腔内继续受热受压，经过一定时间固化后，如图 2.2.12(b) 所示，打开模具取出制件，如图 2.2.12(c) 所示。

与压缩模塑相比，压注模塑具有以下优点：①由于具有单独的加料室，塑料在进入型腔之前型腔已经闭合，所以制品飞边少而薄，可减少后加工量；②能模塑带有精细或易碎嵌件和穿孔的制品，并且能保持嵌件和孔眼位置的正确；③由于塑料在单独设在型腔外的加料腔内塑化、加压进入模具型腔的，所以塑化均匀，制品性能均匀，尺寸精度高，质量好；④模具的磨损较小。

压注模塑的缺点是：①模具的制造成本较压缩模高；②由于有浇注系统，塑料损耗大，压力损失大，所以要求塑料的流动性要好；③纤维增强塑料因纤维定向而产生各向异性；④围绕在嵌件四周的塑料，有时会因熔接不牢而使制品的强度降低。

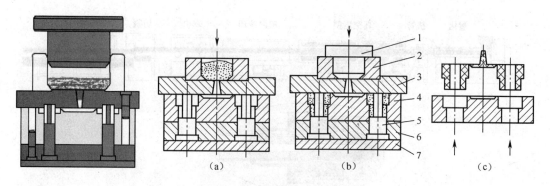

图 2.2.12　压注模塑成型过程

(a)加料;(b)塑料充满型腔;(c)开模取件。

1—柱塞;2—加料腔;3—上模板;4—凹模;5—型芯;6—型芯固定板;7—垫板。

压注模塑是热固性塑料的一种常用成型方式,如图 2.2.13 所示。

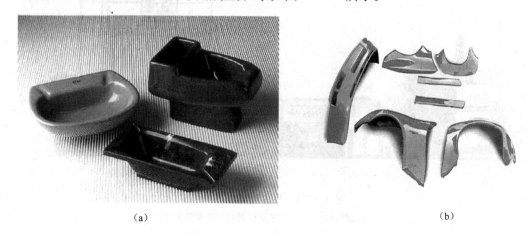

(a)　　　　　　　　　　　　　　　　(b)

图 2.2.13　塑料压注成型件

(a)卫浴洁具 ;(b)汽摩配件。

4. 挤出模塑

挤压模塑也称挤出成型或挤塑,是借助螺杆的挤压作用,使塑化均匀的塑料强行通过机头成为连续制品的一种成型方法。挤压模塑的工艺过程大致是塑料的塑化、挤出、定型、冷却、牵引、切料或辊卷。图 2.2.14 所示为挤出模塑工艺示意图。

挤出模塑的成型部件是挤出机头,通过更换挤出机头可以生产不同的挤出产品。图 2.2.15 所示为挤出机头与其挤出的型材。挤出模塑具有以下优点:①连续化,效率高,质量稳定;②设备简单,投资少,见效快;③生产环境卫生,劳动强度低。

挤出模塑适用于绝大部分热塑性塑料及部分热固性塑料,其应用范围广,如塑料薄膜,网材,带包覆层的产品(如电线电缆等),截面一定、长度连续的管材、板材、片材、棒材、打包带、单丝和异型材等,如图 2.2.15 所示。

5. 吹塑模塑

吹塑模塑又称吹塑成型或中空吹塑,是将挤出或注射成型所得的半熔融态(软化状

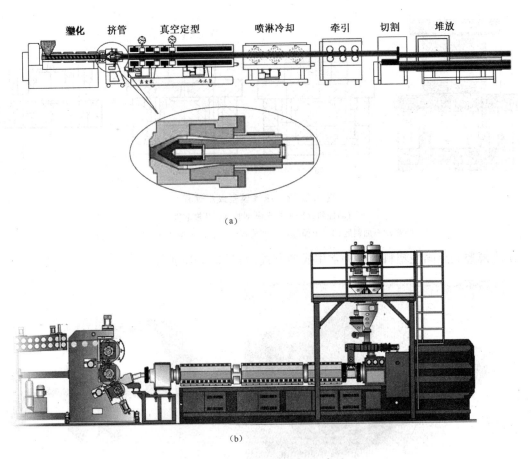

塑化　挤管　真空定型　喷淋冷却　牵引　切割　堆放

(a)

(b)

图 2.2.14　挤出模塑工艺示意图

(a)管材挤出模塑工艺;(b)板材挤出模塑工艺。

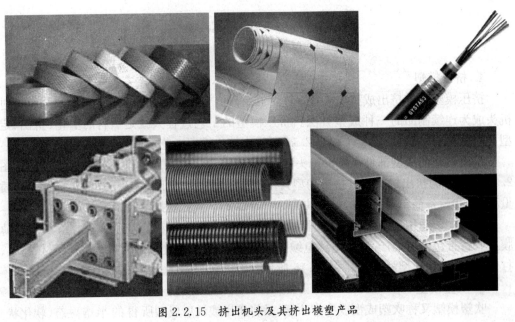

图 2.2.15　挤出机头及其挤出模塑产品

50

态)管坯(型坯)置于模具中,在管坯中通入压缩空气将其吹胀,使之紧贴于模腔壁上,再经冷却脱模得到中空制品的成型方法。挤出吹塑时,要趁管坯还处于软化状态时就将其置于对开的吹塑模具中进行吹塑,如图 2.2.16 所示为挤出吹塑模具的原理简图;而注射吹塑需要将成型好的管坯加热到软化状态再进行吹塑。图 2.2.17 所示为注射吹塑中生产瓶坯的一副 72 腔的瓶胚热流道注射模具。

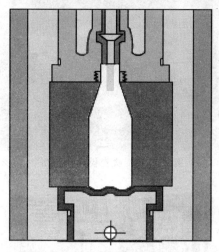

图 2.2.16 挤出吹塑模塑原理

图 2.2.17 注射吹塑中的 72 腔瓶坯模具

图 2.2.18 所示为吹塑模塑中的管坯、吹塑模具及其制品。这种成型方法可生产瓶、壶、桶等各种包装容器,日常用品和儿童玩具等,如图 2.2.19 所示。

2.2.4 常用塑料成型设备

塑料模塑成型所用的设备统称塑料模塑成型设备。按成形工艺方法不同,可分为塑料注射机、液压机、挤出机、吹塑机等,本模块主要介绍塑料注射机,简要介绍塑料液压机。

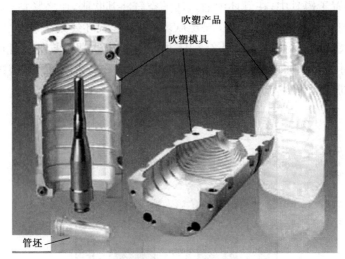

图 2.2.18 吹塑模具及产品

图 2.2.19 中空吹塑产品

1. 塑料注射机

1) 注射机的分类

注射机的外形如图 2.2.20 所示。注射机种类较多,对其类型的划分有不同的方法。以结构的特征来区别,通常分为柱塞式和螺杆式两类,如图 2.2.21 所示,最大注射量在 60g 以上的注塑机多数为螺杆式。按注射方向,分为立式、卧式和角式(图 2.2.22),为方便制件的取出,大多数注射机都是卧式。

2) 注射机的组成

注射机主要由注射系统、锁模系统(又称合模系统)、液压和电器控制系统三部分组成,如图 2.2.23 所示。

(1) 注射系统。注射系统是注塑机的主要部分,其作用是使塑料均匀地塑化并达到流动状态,在很高的压力和较快的速度下,通过螺杆或柱塞的推挤注射入模。注射系统包括加料装置、料筒、螺杆及喷嘴等部件。

图 2.2.20　注射机的外形(卧式)

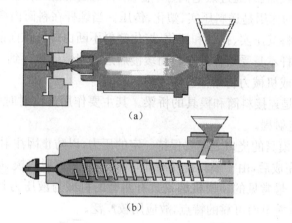

(a)

(b)

图 2.2.21　柱塞式和螺杆式注塑机
(a)柱塞式注塑机;(b)螺杆式注塑机。

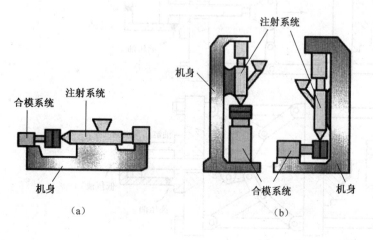

(a)　　　　　　　　(b)　　　　　　　　(c)

图 2.2.22　注射机按注射方向分类
(a)卧式;(b)立式;(c)角式。

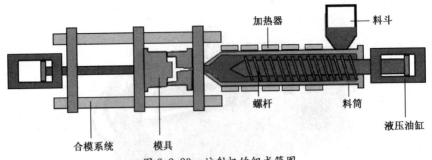

图 2.2.23　注射机的组成简图

① 加料装置。注塑机上的加料斗就是加料装置,其容量一般设计为可供注塑机1h~2h使用。

② 料筒。料筒的内壁要求尽可能光滑,呈流线型,避免缝隙、死角或不平整。料筒外部有加热元件,可分段加热,通过热电偶显示温度,并通过感温元件控制温度。

③ 螺杆。螺杆的作用是送料压实、塑化、传压。当螺杆在料筒内旋转时,将从料斗来的塑料卷入,并逐步将其压实、排气和塑化,熔化塑料不断由螺杆推向前端,并逐渐积存在顶部与喷嘴之间,螺杆本身受熔体的压力而缓慢后退。当熔体积存到一次注射量时,螺杆停止转动,传递液压或机械力将熔体注射入模。

④ 喷嘴。喷嘴是连接料筒和模具的桥梁。其主要作用是注射时引导塑料从料筒进入模具,并具有一定射程。

注射时,喷嘴与模具的浇口之间要保持一定的压力,以防止因注射的反作用力而造成树脂泄漏。但注射完成后,由于模具需要冷却,此时喷嘴最好脱离模具。

(2) 锁模系统。最常见的锁模机构是具有曲臂的机械与液压力相结合的装置,如图2.2.24所示,它具有简单而可靠的特点,故应用较广泛。

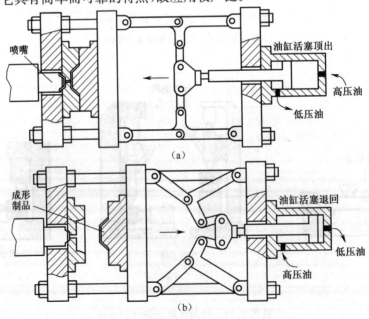

图 2.2.24　曲臂锁模机构工作示意图

(a)闭模;(b)开模。

（3）液压和电器控制系统。液压传动和电器控制则是为了保证注射成型机按照成型工艺的要求，如压力、速度、温度等和动作程序准确有效地进行工作而设置的。

2. 塑料液压机

塑料液压机是压缩塑模、压注塑模用的主要设备。吨位从几十吨至几百吨不等，一般由上、下压板，固定（动）垫块，柱塞（主机筒）组成。

液压机有下压式压机和上压式压机两种。上压式压机（图2.2.25）的特点是下压板固定，上压板与主柱塞相连并上下运动；顶出机构由位于下部机座内的顶出活塞带动。下压式压机（图2.2.26）的特点是上压板固定，主柱塞位于下压板下并与之相连；脱模一般由安装在活动板上的机械装置完成。

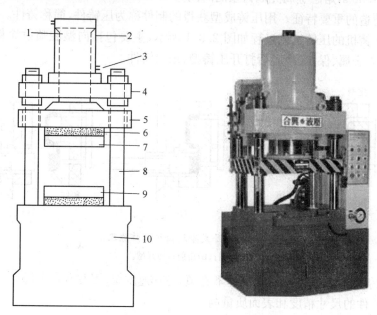

图 2.2.25 上压式液压机

1—柱塞；2—压筒；3—液压管线；4—固定垫板；5—活动垫板；6—绝热层；
7—上压板；8—拉杆；9—下压板；10—机座。

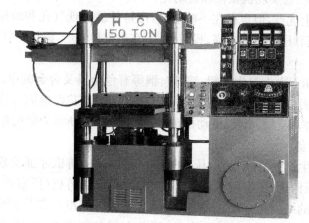

图 2.2.26 下压式液压机

2.3 其他材料成型工艺及设备

2.3.1 压铸成型工艺及设备

1. 压铸成型工艺

压铸即压力铸造，是将熔融合金在高压、高速条件下充填型腔，并在高压下冷却凝固成型的一种精密铸造方法。压铸时所用的压力高达数十兆帕（甚至超过 200MPa），其速度为 5m/s ~ 40m/s，熔融金属充满铸型的时间为 0.01s ~ 0.2s，高压和高速是压铸区别于一般金属型铸造的重要特征。用压铸成型获得的制件称为压铸件，简称铸件。

卧式冷压铸机的压铸工艺过程如图 2.3.1 所示，主要包括向型腔喷射涂料、合型、浇入金属液、压射金属、保压、冷凝后打开压铸型、顶出铸件。

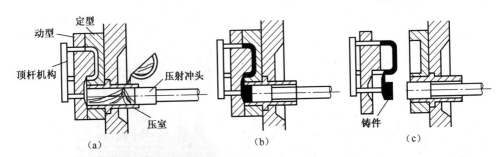

图 2.3.1 卧式冷压铸机工作原理
(a)合型；(b)压射；(c)开型。

由于压铸时熔融合金在高压、高速下充填，冷却速度快，因此有以下优点。

(1) 压铸件的尺寸精度和表面质量高。

(2) 压铸件组织细密，硬度和强度高。

(3) 可以成形薄壁、形状复杂的压铸件和镶嵌件。

(4) 生产效率高、易实现机械化和自动化。

尽管压铸有以上优点，但也存在一些缺点：压铸件易出现气孔和缩松；压铸合金的种类受到限制；压铸模和压铸机成本高、投资大，不宜小批量生产，铸件不宜进行热处理或在高温下工作等。

压铸成型主要用于大批量生产铝、锌、镁、铜等有色金属及合金的中、小型铸件。在汽车、拖拉机、仪表、医疗器械、日用五金及国防工业等部门都有广泛应用，如发动机汽缸体、汽缸盖、箱体、仪表壳体和支架、齿轮、电动机转子等。图 2.3.2 所示为常见有色金属压铸件。

2. 压铸成型设备

压铸机是压铸生产的专用设备，压铸过程只有通过压铸机才能实现。按压室（压射室）一般分热压室压铸机（压室浸于金属液中）和冷压室压铸机（压室与金属液保温炉分开）两大类；按压室的结构和布置方式分为卧式压室压铸机和立式压室压铸机。

压铸机主要由合模机构、压射机构、液压及电器控制系统、基座等部分组成，如图 2.3.3 所示。

图 2.3.2　有色金属压铸件
(a)汽车发动机汽缸体；(b)摩托车轮毂。

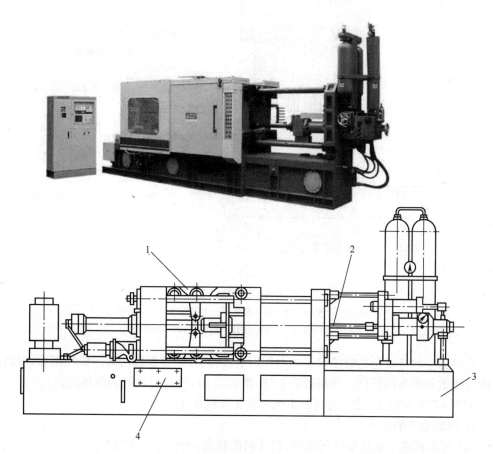

图 2.3.3　压铸机组成图
1—合模机构；2—压射机构；3—基座；4—控制系统。

（1）合模机构。开、合模及锁模机构统称为合模机构，由定型和动型两部分组成，定型固定在机架上，动型由合型机构带动可沿水平方向移动。其作用是实现压铸模的开、合动作,并保证在压射过程中模具可靠地锁紧,开模时推出压铸件。

(2) 压射机构。压射机构是将熔融合金推进模具型腔填充成形为压铸件的机构,是实现 压铸工艺的关键部分。

(3) 液压及电器控制系统。其作用是保证压铸机按预定工艺过程要求及动作顺序,准确 有效地工作。

(4) 基座。支撑压铸机以上各部分的部件,是压铸机的基础部件。

2.3.2 模锻成型工艺及设备

1. 模锻成型工艺

在锻压生产中,将金属毛坯加热到一定温度后放在固定于模锻设备上的锻模模腔内,利用锻锤压力使其发生塑性变形,充满模腔后形成与模腔相仿的制品零件,这种锻造方法称为模型锻造,简称模锻,如图 2.3.4 所示。

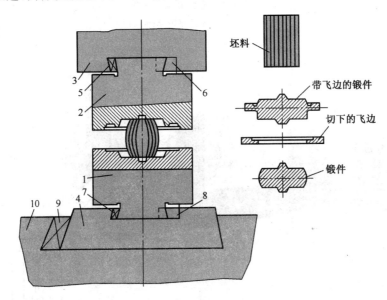

图 2.3.4 模锻成型

1—下模 ;2—上模;3—锤头;4—模座;5—上模用楔;6—上模用键;
7—下模用楔;8—下模用键;9—模座楔;10—砧座。

模锻成型的特点是在锻压设备动力作用下,坯料在锻模模腔内被压塑性流动,得到比自由锻件质量更高的锻件。经模锻的工件(图 2.3.5),可获得良好的纤维组织,并且可以保证 IT9～IT7 级精度等级,有利于实现专业化和机械化生产。

1) 模锻生产的优点

(1) 可以锻造形状较复杂的锻件,尺寸精度较高,表面粗糙度较小。

(2) 锻件的机械加工余量较小,材料利用率较高。

(3) 可使流线分布更为合理,这样可进一步提高零件的使用寿命。

(4) 操作简便,劳动强度较小。

(5) 生产效率较高,锻件成本低。

图 2.3.5　常见模锻件

2) 模锻生产的缺点

(1) 生产准备周期，尤其是锻模的制造周期都较长，只适合大批量生产。

(2) 设备投资大、模具成本高。

(3) 工艺灵活性不如自由锻。

2. 模锻成型工艺设备

1) 模锻成型设备的分类

模锻可以在多种设备上进行。模锻生产中使用的锻压设备按其工作特性可以分为五大类，即模锻锤类、螺旋压力机类、曲柄压力机类、轧锻压力机类和液压机类。其中，模锻锤类中的蒸汽—空气模锻锤是目前普通锻造车间常用的锻造设备。蒸汽—空气自由锻锤按用途不同分为自由锻锤和模锻锤两种。

2) 蒸汽—空气模锻锤

利用压力为 $(7\sim9)10^5$ Pa 的蒸汽或压力为 $(6\sim8)10^5$ Pa 的压缩空气为动力的锻锤，称为蒸汽—空气自由锤。

蒸汽—空气自由锤的工作能力以落下部分的质量表示，它一般在 500kg～5000kg 范围内。5000kg 以上的锻锤由锻造液压机代替，500kg 以下的锻锤以空气锤工作。目前，最大的蒸汽—空气模锻锤的落下部分质量可达 35000kg。我国生产的蒸汽—空气自由锻锤有 1000kg、2000kg、3000kg、5000kg 四种规格。

在多模膛锻造中，机床常承受较大的偏心载荷和打击力，因此为能满足模锻工艺的要求，模锻锤必须有足够的刚性。为能提高打击效率和消除振动，采用比其落下部分重量大 20 倍～30 倍的砧座。

如图 2.3.6 所示，蒸汽—空气模锻锤由汽缸（带打滑阀和节气阀）、落下部分（活塞、锤杆、锤头和上模块）、立柱、导轨、砧座和操纵机构等部分组成。

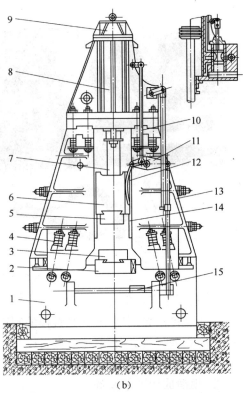

(a)

(b)

图 2.3.6　蒸汽—空气模锻锤

(a)蒸汽—空气模锻锤实物图；(b)蒸汽—空气模锻锤简图。

1—砧座；2—模座；3—下模；4—弹簧；5—上模；6—锤头；7—锤杆；8—汽缸；9—保险缸；

10—拉杆；11—杠杆；12—曲杆；13—立柱；14—导轨；15—脚踏板。

思考与练习

1. 简述冲压工序的分类。

2. 试着分析下图所示零件的材料及成形工艺。

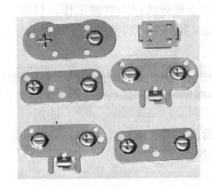

（a）电池正负极片

（b）水槽下水盖

（c）椅子 　　　　　　　　　　　　　（d）计算机箱后盖

3. 常见塑料的种类有哪些？

4. 热塑性塑料和热固性塑料的区别是什么？

5. 试着分析下图所示零件的材料及成型工艺。

（a）车灯 　　　　　　　　（b）各类瓶子 　　　　　　　（c）双色牙刷

（d）剪刀 　　　　　　　　（e）饭盒 　　　　　　　　（f）电器套管

6. 注射机注射装置的主要作用有哪些？

7. 请结合下面塑料桶的注射成型过程，简述完整的注射成型过程包括的环节。

8. 请列举塑件模塑成型中可能会出现的质量问题。

9. 试着分析下图所示零件的材料及成型工艺。

（a）汽车传动器

（b）阀门

10. 根据下图所示，整理出精密铸造成型的工艺流程。

11. 通过自身经历或查阅资料，试着了解你所感兴趣的其他材料成型工艺方法及成型过程。

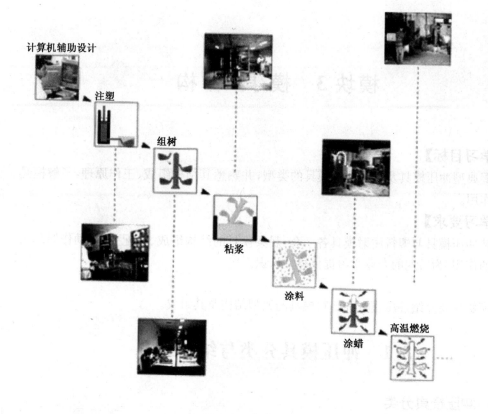

（a）

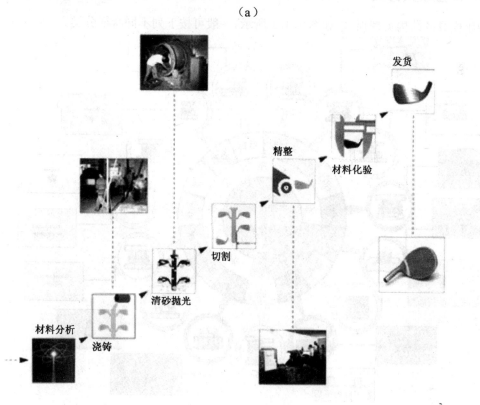

（b）

模块 3　模具结构

【学习目标】

掌握典型冲压模具及塑料注射模具的类型,并熟悉其结构组成、工作原理,了解模具零件的作用。

【学习要求】

拆装冲压模具与塑料注射模具各一套,观察模具的结构组成、装配关系、动作原理及其零件的作用,为后期的专业学习提供感性认识。

本模块主要介绍冲压模具和塑料模具的典型结构及其组成。

3.1　冲压模具分类与结构组成

3.1.1　冲压模具分类

冲压模具的结构类型很多,如图 3.1.1 所示,一般可按下列不同特征分类。

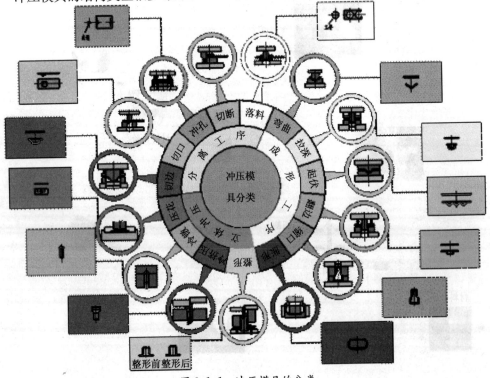

图 3.1.1　冲压模具的分类

（1）按冲压工序性质分类，可分为落料模、冲孔模、弯曲模、拉深模、成形模等。

（2）按工序组合程度分类，可分为单工序模、级进模、复合模等。

（3）按模具导向方式分类，可分为无导向模、导板模、导柱模等。

（4）按模具专业化程度分类，可分为通用模、专用模、自动模、组合模、简易模等。

（5）按模具工作零件所用的材料分类，可分为钢质冲模、硬质合金冲模、锌基合金冲模、橡胶冲模、钢带冲模等。

（6）按被加工零件分类，可分为汽车覆盖件冲模、电机硅钢片冲模等。

（7）按模具结构尺寸分类，可分为大型冲模和中小型冲模等。

3.1.2　冲压模具的结构组成

冷冲模的类型虽然很多，结构形式和复杂程度也各不相同，但任何一副冲模都由上模和下模两个部分组成。如图 3.1.2 所示，上模通过模柄或上模座与压力机的滑块连接在一起，可随滑块作上、下往复运动，称为冲模的活动部分；下模通过下模座固定在压力机工作台或垫板上，是冲模的固定部分。

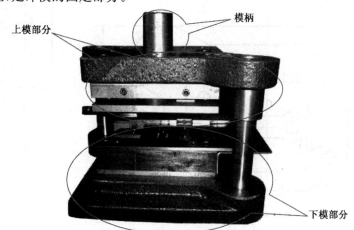

图 3.1.2　冲压模具的基本结构

图 3.1.3 所示为一副连接板复合冲裁模。该模具的上模部分包括从落料凹模 7、推件块 8、凸模固定板 9、导套 10、垫板 11、销钉 12、上模座 13、模柄 14、打杆 15、螺钉 16 到冲孔凸模 17，剩下的零件组成了下模部分。工作时，条料沿导料销 6 送至挡料销 22 处定位，开动压力机，上模随滑块向下运动，具有锋利刃口的冲孔凸模 17、落料凹模 7 与凸凹模 18 共同配合作用，使冲件和冲孔废料与条料分离而完成冲裁工作。滑块带动上模回升时，卸料装置（卸料板 19、橡胶 5、卸料螺钉 2）将箍在凸凹模上的条料卸下，推件装置（推件块 8 和打杆 15）将卡在落料凹模与冲孔凸模之间的冲件推落在下模上面，而卡在凸凹模内的冲孔废料是在一次次冲裁过程中由冲孔凸模逐次向下推出的。将推落在下模上面的冲件取走后又可进行下一次冲压循环。

3.1.3　冲压模具零件分类

从图 3.1.3 模具结构可知，组成冲裁模的零部件各有其独特的作用，并在冲压时相互配合以保证冲压过程正常进行，从而冲出合格冲压件。一副冲压模具，由于使用要求不

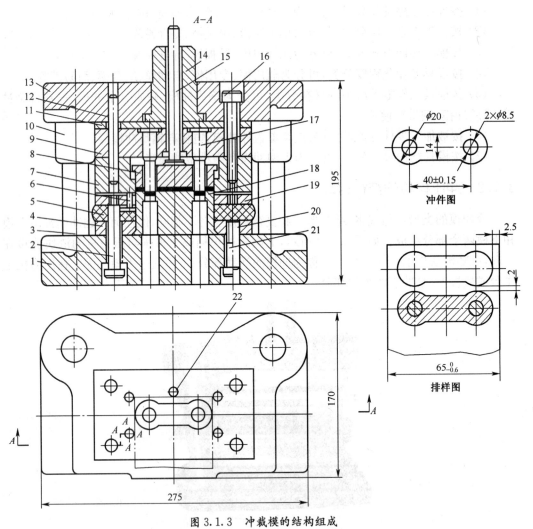

图 3.1.3　冲裁模的结构组成

1—下模座；2—卸料螺钉；3—导柱；4—凸凹模固定板；5—橡胶；6—导料销；7—落料凹模；8—推件块；
9—凸模固定板；10—导套；11—垫板；12、20—销钉；13—上模座；14—模柄；15—打杆；
16、21—螺钉；17—冲孔凸模；18—凸凹模；19—卸料板；22—挡料销。

同，其模具结构复杂程度也不同，有的模具结构非常简单，只有几个或几十个零件组成，也有的模具是由上百个零件组成的。但无论其复杂程度如何，组成模具的零件通常分为两大类：工艺零件和结构零件。其中，工艺零件直接参与工艺过程的完成并和坯料有直接接触，包括工作零件、定位零件、卸料与出件零件；结构零件不直接参与工艺过程的完成，也不和坯料直接接触，只对模具完成工艺过程起保证作用，或对模具功能起完善作用，包括导向零件、紧固零件、标准件及其他零件等，如图 3.1.4 所示。根据各零部件在模具中所起的作用不同，简单描述如下：

（1）工作零件：直接使坯料产生分离或塑性变形的零件，如图 3.1.3 中的冲孔凸模 17、落料凹模 7、凸凹模 18 等。工作零件是冷冲模中最重要的零件。

（2）定位零件：确定坯料或工序件在冲模中正确位置的零件，如图 3.1.3 中的挡料销 22、导料销 6 等。

（3）卸料与出件零件：这类零件是将箍在凸模上或卡在凹模内的废料或冲件卸下、推出或顶出，以保证冲压工作能继续进行，如图3.1.3中的卸料板19、卸料螺钉2、橡胶5、打杆15、推件块8等。

（4）导向零件：确定上、下模的相对位置并保证运动导向精度的零件，如图3.1.3中的导柱3、导套10等。

（5）支承与固定零件：将上述各类零件固定在上、下模上以及将上、下模连接在压力机上的零件，如图3.1.3中的固定板4与9、垫板11、上模座13、下模座1、模柄14等。这些零件是冷冲模的基础零件。

（6）其他零件：除上述零件以外的零件，如紧固件（主要为螺钉、销钉）和侧孔冲裁模中的滑块、斜楔等。

当然，不是所有的冲模都具备上述各类零件，但工作零件和必要的支承固定零件是不可缺少的。

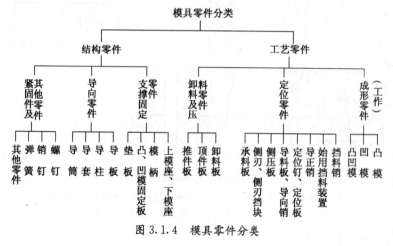

图3.1.4　模具零件分类

3.2　典型冲压模具结构

3.2.1　单工序冲模

单工序冲模，又称简单冲模，是指在压力机的一次行程内只完成一种冲压工序的模具，如单工序冲裁模（主要包括单工序落料模与单工序冲孔模）、弯曲模、拉深模等。

1. 单工序冲裁模

1）无导向单工序冲裁模（又称敞开式冲裁模）

冲裁圆形制件的无导向落料模，如图3.2.1所示，工作零件为凸模6和凹模8（凸、凹模具有锋利的刃口，且保持较小而均匀的冲裁间隙），定位零件为固定挡料销7，卸料零件为橡胶5，其余零件起连接固定作用。工作时，条料从右向左送进，首次落料时条料端部抵住固定挡料销7定位，然后由条料上冲得的圆孔内缘与挡料销定位。条料定位后上模下行，橡胶5先压紧条料，紧接着凸模6快速穿过条料进入凹模8而完成落料。冲得的制件由凸模从凹模孔逐次推下，并从压力机工作台孔漏入料箱，箍在凸模上的条料在上模回程时由橡胶 5 卸下。

无导向落料模的特点是上、下模无导向,结构简单,容易制造,可以用边角料冲裁,有利于降低制件的成本。但凸模的运动是由压力机滑块导向的,不易保证凸、凹模的间隙均匀,制件精度不高,同时模具安装调整麻烦,容易发生凸、凹模刃口啃切,因而模具寿命和生产率较低,操作也不安全。这种落料模只适用于冲压精度要求不高、形状简单和生产批量不大的制件。

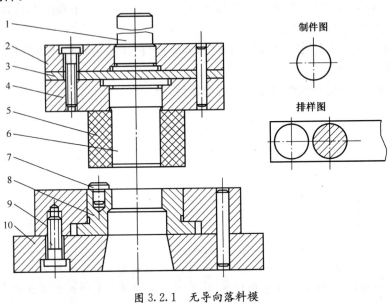

图 3.2.1 无导向落料模
1—模柄;2—上模座;3—垫板;4—凸模固定板;5—橡胶;6—凸模;
7—固定挡料销;8—凹模;9—凹模固定板;10—下模座。

2) 导板式冲裁模

图 3.2.2 所示的是导板式单工序落料模,其上、下模的导向是依靠导板 9 与凸模 5 的间隙配合(一般为 H7/h6)进行的,故称导板模。

冲模的工作零件为凸模 5 和凹模 13;定位零件为导料板 10 和固定挡料销 16、始用挡料销 20;导向零件是导板 9(兼起固定卸料板作用);支承零件是凸模固定板 7、垫板 6、上模座 3、模柄 1、下模座 15;此外,还有紧固螺钉、销钉等。根据排样的需要,这副冲模的固定挡料销所设置的位置对首次冲裁起不到定位作用,为此采用了始用挡料销 20。在首件冲裁之前,用手将始用挡料销压入以限定条料的位置,在以后各次冲裁中,放开始用挡料销,始用挡料销被弹簧弹出,不再起挡料作用,而靠固定挡料销对条料定位。

这种冲模的主要特征是,凸模的运动依靠导板导向,易于保证凸、凹模间隙的均匀性,同时凸模回程时导板又可起卸料作用(为了保证导向精度和导板的使用寿命,工作过程中不允许凸模脱离导板,故需采用行程较小的压力机)。

导板模与无导向模相比,冲件精度高,模具寿命长,安装容易,卸料可靠,操作安全,但制造比较麻烦。导板模一般用于形状较简单、尺寸不大、料厚大于 0.3mm 的小件冲裁。

3) 导柱式冲裁模

图 3.2.3 所示是导柱式冲孔模。冲件上的所有孔一次全部冲出,是多凸模的单工序

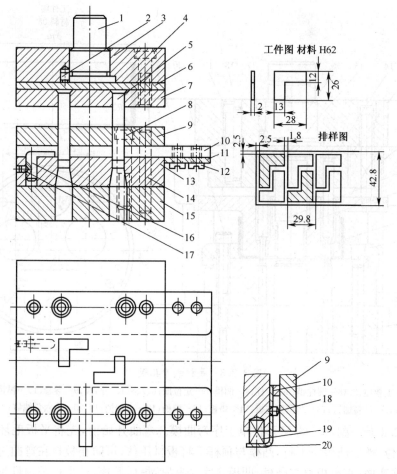

工件图 材料 H62

排样图

图 3.2.2　导板式单工序落料模

1—模柄;2—止动销;3—上模座;4、8—内六角螺钉;5—凸模;6—垫板;7—凸模固定板;9—导板;10—导料板;
11—承料板;12—螺钉;13—凹模;14—圆柱销;15—下模座;16—固定挡料销;17—止动销;
18—限位销;19—弹簧;20—始用挡料销。

冲裁模。由于工序件是经过拉深的空心件,而且孔边与侧壁距离较近,因此采用工序件口部朝上,用定位圈 5 实行外形定位,以保证凹模有足够强度。但增加了凸模长度,设计时必须注意凸模的强度和稳定性问题。如果孔边与侧壁距离大,则可采用工序件口部朝下,利用凹模实行内形定位。该模具采用弹性卸料装置,除卸料作用外,该装置还可保证冲孔零件的平整,提高零件的质量。

这种冲模的上、下模正确位置利用导柱 3 和导套 9 的导向来保证。凸、凹模在进行冲裁之前,导柱已经进入导套,从而保证了在冲裁过程中所有的凸模和凹模 4 之间间隙的均匀性。上、下模座和导套、导柱装配组成的部件为模架。

导柱式冲裁模的导向比导板模的可靠,精度高,寿命长,使用安装方便,但轮廓尺寸较大,模具较重、制造工艺复杂、成本较高。它广泛用于生产批量大、精度要求高的冲裁件。

2. 弯曲模

弯曲所使用的模具叫弯曲模,它是弯曲过程必不可少的工艺装备。与冲裁模相比,弯曲模模具动作复杂,结构设计规律性不强。

69

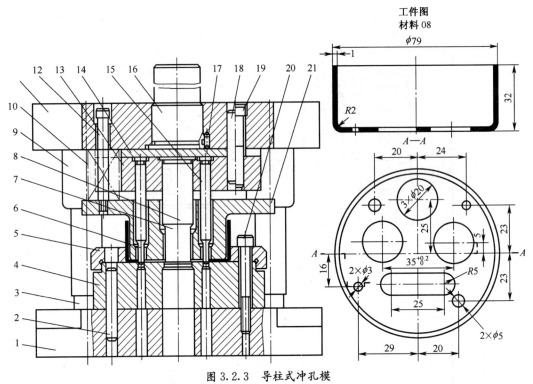

工件图
材料 08

图 3.2.3 导柱式冲孔模

1—上模座；2、18—圆柱销；3—导柱；4—凹模；5—定位圈；6、7、8、15—凸模；9—导套；10—弹簧；
11—下模座；12—卸料螺钉；13—凸模固定板；14—垫板；16—模柄；17—止动销；19、20—内六角螺钉；21—卸料板。

图 3.2.4 是一副常见的 V 形件单工序弯曲模。弯曲开始前，先将平板毛坯放入定位板 10 中定位，然后凸模 4 下行，凸模与顶杆 7 将板材压住(可防止板材在弯曲过程中发生偏移)，实施弯曲，直至板材与凸模、凹模 3 完全贴紧，最后开模，V 形件被顶杆顶出。

3. 拉深模

拉深所使用的模具称为拉深模。拉深模结构相对较简单，与冲裁模比较，工作部分有较大的圆角，表面质量要求高，凸、凹模间隙略大于板料厚度。

图 3.2.5 是一副有压边圈的圆筒形件首次拉深的单工序模具结构图。平板坯料放入定位板 6 内，当上模下行时，首先由压边圈 5 和凹模 7 将平板坯料压住，随后凸模 10 将坯料逐渐拉入凹模孔内形成直壁圆筒。成形后，当上模回升时，弹簧 4 恢复，利用压边圈 5 将拉深件从凸模 10 上卸下，为了便于成形和卸料，在凸模 10 上开设有通气孔。压边圈在这副模具中，既起压边作用，又起卸载作用。

3.2.2 复合模

复合模是指在压力机的一次行程中，在模具的同一个工位上同时完成两道或两道以上不同冲压工序的冲模，如冲孔—落料复合模、落料—拉深复合模等。复合模是一种多工序冲模，它在结构上的主要特征是有一个或几个"身兼双职"，即具有双重作用的工作零件——凸凹模，如在冲孔—落料复合模中有一个既能作落料凸模又能作冲孔凹模的凸凹模，如图 3.1.3 所示为一副倒装的冲孔—落料复合模，件 18 既是落料凸模又是冲孔凹模的凸凹模。在落料—拉深复合模中有一个既能作落料凸模又能作拉深凹模的凸凹模等。

70

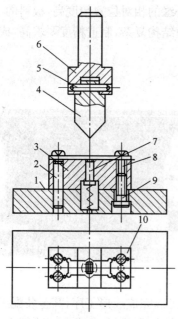

图 3.2.4 V形件单工序弯曲模

1—下模板;2、5—圆柱销;3—凹模;4—凸模;

6—模柄;7—顶杆;8、9—螺钉;10—定位板。

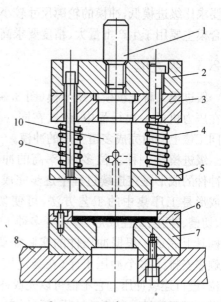

图 3.2.5 圆筒形件拉深模

1—模柄;2—上模座;3—凸模固定板;

4—弹簧;5—压边圈;6—定位板;

7—凹模;8—下模座;9—卸料螺钉;10—凸模。

图 3.2.6 所示为一副正装的落料拉深复合模,件 1 既是落料凸模又是拉深凹模的凸凹模。将条料送入刚性卸料板 3 下长条形槽中,平放在凹模面上,并靠槽的一侧,压力机滑块带着上模下行,凸凹模 1 下表面首先接触条料,并与顶件块 4 一起压住条料,先落料,后拉深;当拉深结束后,上模回程,落料后的条料由刚性卸料板 3 从凸凹模上卸下,拉深成形的工件由压力机上活动横梁通过推件块 2 从凸凹模中刚性打下,用手工将工件取走后,将条料往前送进一个步距,进行下一个工件的生产。

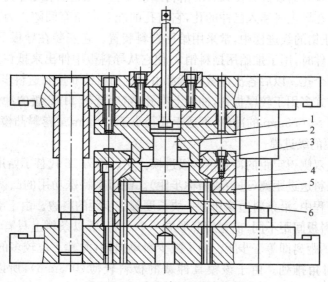

图 3.2.6 盖落料—拉深复合模

1—凸凹模;2—推件块;3—固定卸料板;4—顶件块;5—落料凹模;6—拉深凸模。

复合模的特点是生产效率高,冲裁件的内孔与外缘的相对位置精度高,板料的定位精度要求比级进模低,冲模的轮廓尺寸较小。但复合模结构复杂,制造精度要求高,成本高。复合模主要用于生产批量大、精度要求高的冲裁件。

3.2.3 级进模

级进模又称连续模或跳步模(图3.2.7),是指在压力机的一次行程中,依次在同一模具的不同工位上同时完成多道工序的冲模。

级进模是一种工位多、效率高的冲模。整个冲件的成形是在连续过程中逐步完成的。连续成形是工序集中的工艺方法,可使切边、切口、切槽、冲孔、塑性成形、落料等多种工序在一副模具上完成。根据冲压件的实际需要,按一定顺序安排了多个冲压工序(在级进模中称为工位)进行连续冲压。

图3.2.7 级进模

它不但可以完成冲裁工序,还可以完成成形工序,甚至装配工序,许多需要多工序冲压的复杂冲压件可以在一副模具上完全成形,为高速自动冲压提供了有利条件。

由于级进模工位数较多,因而用级进模冲制零件,必须解决条料或带料的准确定位问题,才有可能保证冲压件的质量。根据级进模定位零件的特征,级进模有以下几种典型结构。

1. 用导正销定位的级进模

图3.2.8所示为用导正销定距的冲孔落料连续模。上、下模用导板导向。冲孔凸模3与落料凸模4之间的距离就是送料步距 s。送料时,由固定挡料销6进行初定位,由两个装在落料凸模上的导正销5进行精定位。导正销与落料凸模的配合为H7/r6,其连接应保证在修磨凸模时的装拆方便,因此,落料凹模安装导正销的孔是个通孔。导正销头部的形状应有利于在导正时插入已冲的孔,它与孔的配合应略有间隙。为了保证首件的正确定距,在带导正销的级进模中,常采用始用挡料装置。它安装在导板下的导料板中间。在条料上冲制首件时,用手推始用挡料销7,使它从导料板中伸出来抵住条料的前端即可冲第一件上的两个孔。以后各次冲裁时就都由固定挡料销6控制送料步距作粗定位。

这种定距方式多用于较厚板料,冲件上有孔,精度低于IT12级的冲件冲裁。它不适用于软料或板厚 $t<0.3$mm 的冲件,不适于孔径小于1.5mm或落料凸模较小的冲件。

2. 侧刃定距的级进模

图3.2.9是双侧刃定距的冲孔落料级进模。它以侧刃16代替了始用挡料销、挡料销和导正销控制条料送进距离(进距或俗称步距)。侧刃是特殊功用的凸模,其作用是在压力机每次冲压行程中,沿条料边缘切下一块长度等于步距的料边。由于沿送料方向上,在侧刃前后,两导料板间距不同,前宽后窄形成一个凸肩,所以条料上只有切去料边的部分方能通过,通过的距离即等于步距。为了减少料尾损耗,尤其工位较多的级进模,可采用两个侧刃前后对角排列。由于该模具冲裁的板料较薄(0.3mm),所以选用弹压卸料方式。

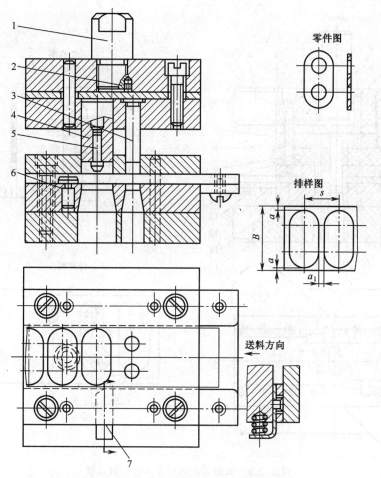

图 3.2.8　用导正销定距的冲孔落料级进模

1—模柄；2—螺钉；3—冲孔凸模；4—落料凸模；5—导正销；6—固定挡料销；7—始用挡料销。

级进模比单工序模生产效率高，减少了模具和设备的数量，工件精度较高，便于操作和实现生产自动化。对于特别复杂或孔边距较小的冲压件，用简单模或复合模冲制有困难时，可用级进模逐步冲出。但级进模轮廓尺寸较大，制造较复杂，成本较高，一般适用于大批量生产小型冲压件。

在以上的典型冲压模具结构中，冲裁模具的结构比较有规律性，绝大部分可以采用标准的典型组合，这对于初学者有较大的帮助，同时设计中采用标准的典型组合，可以有效地缩短设计及制造周期，有利于模具标准化的推广。

3.3　塑料模具分类与结构组成

3.3.1　塑料模具分类

塑料模具的类型很多，分类方法不尽相同，一般常采用下列几种分类方法。

（1）按成型的塑料材料不同，可分为热塑性塑料模和热固性塑料模等。

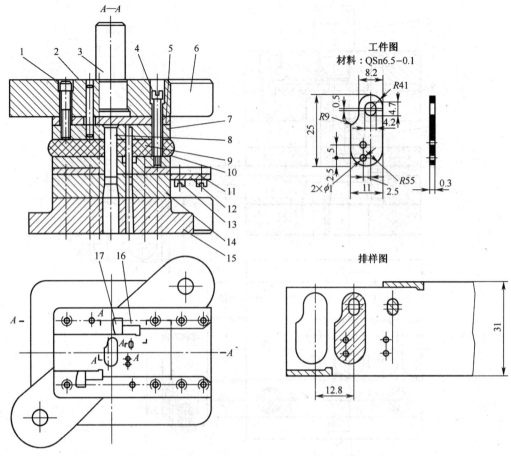

图 3.2.9 双侧刃定距的冲孔落料级进模

1—内六角螺钉；2—销钉；3—模柄；4—卸料螺钉；5—垫板；6—上模座；7—凸模固定板；8、9、10—凸模；

11—导料板；12—承料板；13—卸料板；14—凹模；15—下模座；16—侧刃；17—侧刃挡块。

（2）按塑料制件成型的工艺方法不同，可分为注射模、压缩模、压注模、吹塑模和挤出模等。

（3）按型腔数目的多少，可分为单型腔模具和多型腔模具。

（4）按分型面的数目，可分为单分型面模具、双分型面模具和多分型面模具；按分型面的特征，可分为水平分型面模具、垂直分型面模具和水平、垂直分型面模具等。

（5）按模具装卸方式的不同，可分为移动式模具、固定式模具和半固定式模具。

3.3.2 塑料模具的结构组成

任何一副塑料模，无论其组成零件的多少（图 3.3.1），其基本结构，都是由动模（或上模）与定模（或下模）两个部分组成的，如图 3.3.2 所示。对固定式塑料模，定模一般固定在成型设备的固定模板（或下工作台）上，是模具的固定部分；而动模一般固定在成型设备的移动模板（或上工作台）上，可随移动模板往复运动，是模具的活动部分。成型时动模与定模闭合构成型腔和浇注系统，开模时动模与定模分开取出制件。对移动式塑料模，模具一般不固定在成型设备上，成型中的辅助作业如装料、安装嵌件、合模、开模、取件、清理模具等,是移到设备外面进行的,成型设备只对准备好的模具进行施压成型。

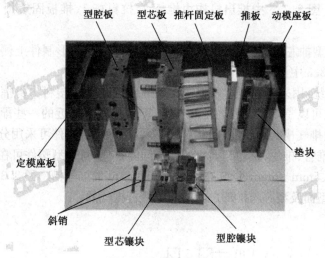

图 3.3.1　模具爆炸图

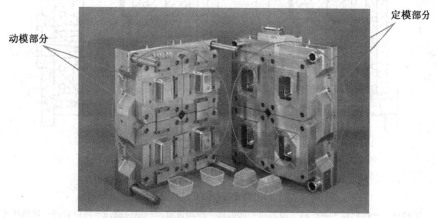

图 3.3.2　塑料注射模具的基本结构组成

3.3.3　塑料模具零件分类

塑料模具的组成零件按其用途可以分为成型零件和结构零件两大类,具体可以看成由如下一些功能相似的零部件(八大系统)构成。

(1)成型零件:直接与塑料接触,并决定塑料制件形状和尺寸精度的零件,即构成型腔的零件,如图 3.3.3 所示,型芯 4、凹模 5 等,它们是模具的主要零件。

(2)浇注系统:将塑料熔体由注塑机喷嘴或模具加料腔引向型腔的一组进料通道,包括浇口套 8 及开设在分型面上的流道,如图 3.3.3 所示。

(3)导向定位机构:导向定位机构主要用来保证动、定模闭合时的导向和定位,模具安装时与注塑机的定位以及推出机构的导向等。一般情况下,动、定模闭合时的导向及定位常采用导柱和导套,或在动、定模部分设置相互吻合的内外圆锥定位件:推出机构的导向常采用推板导柱和推板导套,如图 3.3.3 中的导柱 3 及定模板 10 上的导向孔等。

（4）推出机构：用于在开模过程中将制件及流道凝料从成形零件及流道中推出或拉出的零部件。图 3.3.3 中推出机构由推杆 2、拉料杆 1、推板固定板 14 和推板 15 等组成。

（5）侧向分型抽芯机构：用来在开模推出制件前抽出成形制件上侧孔或侧凹的型芯的零部件（图 3.3.3 中没有设置侧向分型抽芯机构）。

（6）排气系统：用来在成型过程中排出型腔中的空气及塑料本身挥发出来的气体的结构。排气系统可以是专门设置的排气槽，也可以是型腔附近的一些配合间隙。一般的排气方式有开设排气槽和利用配合间隙排气等。对中小型塑件可采用分型面闭合间隙排气或采用推杆、推管、推块、型芯与模板的配合间隙排气；对大型塑件可在分型面上塑料流的末端开设宽 1.5mm～6mm、深 0.025mm～0.05mm 的排气槽。图 3.3.3 中没有开设排气槽，是利用分型面及型芯与推杆之间的间隙进行排气的。

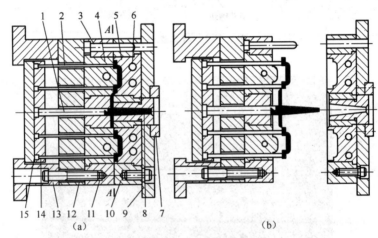

图 3.3.3　单分型面注射模具
（a）闭模状态；（b）开模状态。

1—拉料杆；2—推杆；3—导柱；4—型芯；5—凹模；6—冷却通道；7—定位圈；8—浇口套；9—定模座板；
10—定模板；11—动模板；12—支撑板；13—动模支架；14—推板固定板；15—推板。

（7）冷却与加热装置：用以满足成形工艺对模具温度要求的装置。为了满足注射成形工艺对模具的温度要求，必须对模具温度进行控制，设置模具温度调节系统。在通常情况下，对于热固性塑料和模具温度要求在 80℃ 以上的热塑性塑料注射成形，模具应设置加热系统；对于要求模具温度较低的热塑性塑料注射成形，模具应设置冷却系统。冷却系统一般在模具上开设冷却水道，加热系统则在模具内部或四周安装加热元件。图 3.3.3 所示中模具是注射成形热塑性塑料，一般不需专门加热，但在型芯和凹模上分别开设了冷却通道 6，以加快制件的冷却定型速度。

（8）支承与固定零件：主要起装配、定位和连接的作用。如图 3.3.3 所示中的定模座板 9、定位圈 7、定模板 10、动模板 11、支承板 12、动模支架 13 及螺钉、销钉等。

塑料模就是依靠上述各类零件的协调配合来完成塑料制件成形功能的。当然，并不是所有的塑料模均具有以上各类零件，但成形零件、浇注系统、推出机构和必要的支承固定零件是必不可少的。

3.4 典型塑料模具结构

3.4.1 典型注射模具结构

注射成型生产中使用的模具称为注射模具,简称注射模,是热塑性塑料成型加工中常用的一种模具。注射模的结构形式很多,本节按模具总体结构特征来介绍几种常见的注射模典型结构。

1. 单分型面注射模

为了塑件及浇注系统凝料的脱模和安放嵌件的需要,将模具型腔适当分成两个或更多部分,这些可以分离部分的接触表面,通称为分型面。根据分型面及浇道凝料取出与否的情况,常见的塑料注射模具通常有单分型面注射模、双分型面注射模及热流道注射模之分。图 3.4.1 所示为此三类模具的简图。

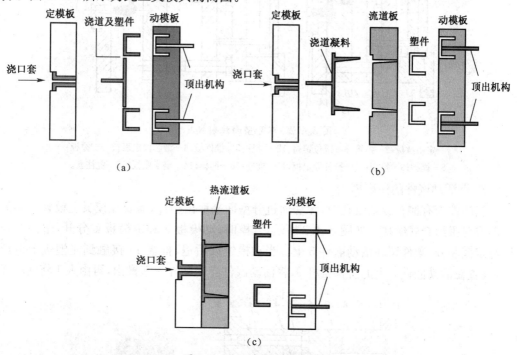

图 3.4.1　注射模具结构简图
(a)单分型面注射模;(b)双分型面注射模;(c)热流道注射模。

单分型面注射模,也叫两板式注射模,它是注射模中最简单又最常用的一类。据统计,单分型面注射模约占全部注射模的 70%。图 3.3.2 所示即为一副典型的单分型面注射模。合模后,动、定模组合构成封闭的型腔,主流道在定模一侧,分流道及浇口在分型面上,动模侧设有推出机构,用以推出塑件和浇注系统凝料。

2. 双分型面注射模

图 3.4.2 所示为一副双分型面注射模,它与单分型面注射模相比,增加了一个用于取浇注系统凝料的分型面 A—A,分型面 B—B 用于取塑件。开模时,在弹簧 2 的作用下,凹

模(也称活动板)13与定模座板14之间的 $A—A$ 分型面分开,将主浇道的凝料从浇注套15中脱出。待定模座板14继续后退至定距拉板1拉到固定在凹模13上的限位销3时,$B—B$ 分型面打开,将塑件与浇口拉断,塑件由于冷却收缩包在型芯上,并随型芯一起后退,而浇注系统的凝料在 $A—A$ 分型面上被取出。当动模继续后退,注射机的顶杆接触推板9时,推件板5在推杆11的推动下,将塑件推出、落下。

这种注射模主要用于能在塑件中心设置点浇口的注射模,浇口截面积较小,塑件的外观好,并且有利于自动化生产。但双分型面的注射模结构复杂,成本较高,模具的重量增大,因此,双分型面注射模不常用于大型塑件或流动性较差的塑料成型。

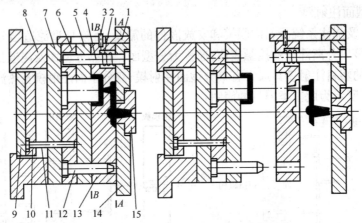

图 3.4.2 双分型面注射模具

1—定距拉板;2—弹簧;3—限位销;4、12—导柱;5—推件板;6—型芯固定板;7—支撑板;
8—模脚;9—推板;10—推杆固定板;11—推杆;13—凹模;14—定模座板;15—浇注套。

3. 带活动嵌件的注射模

当塑件带有侧孔或螺纹孔时,无法通过分型面来取出塑件,需要在模具上设置活动的型芯或对拼组合式镶块。如图 3.4.3 所示,开模时,动模板5和定模板1分开,塑件的外腔与定模脱开,塑件留在活动嵌件3上。当动模继续后退,推板11接触到注塑机的顶杆时,设置在活动嵌件3上的阶梯推杆9,将活动嵌件连同塑件一起推出,再由人工将活动嵌

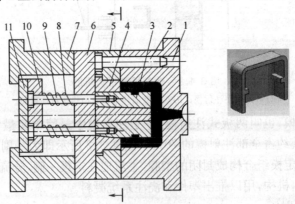

图 3.4.3 带活动嵌件的注射模具

1—定模板;2—导柱;3—活动嵌件;4—型芯;5—动模板;6—支撑板;
7—模脚;8—弹簧;9—推杆;10—推杆固定板;11—推板。

78

件上的塑件取下来。合模时,推杆先在弹簧8的作用下自动复位,之后,由人工将活动嵌件插入型芯锥面的相应孔中,最后,模具合模,又进入下一个工作循环。

该注射模手工操作多,生产效率低,劳动强度大,只适于小批量的生产。当这类塑件的批量较大时,就应采用侧向抽芯或侧向分型的注射模具。

4. 带侧抽芯的注射模

如图 3.4.4 所示,塑件的侧壁有一孔,这个孔由侧型芯滑块 11 来成型。开模时,动模板 16 与定模板 14 分开,由于斜导柱固定在定模上,而斜滑块由导滑槽与动模部分相连。因此,斜导柱在开模力的作用下,带动斜滑块沿导滑槽横向运动以进行侧抽芯。侧抽芯之后,模具的推出机构即可将塑件脱模。

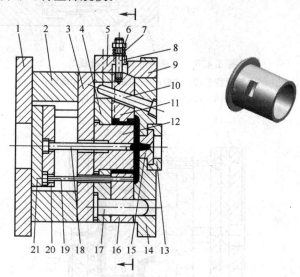

图 3.4.4　斜导柱侧向抽芯注射模具

1—动模座板;2—垫板;3—支撑板;4—型芯固定板;5—挡块;6—螺母;7—弹簧;8—滑块拉杆;
9—楔紧块;10—斜导柱;11—侧型芯滑块;12—型芯;13—定位圈;14—定模板;15—浇口套;
16—动模板;17—导柱;18—拉料杆;19—推杆;20—推杆固定板;21—推板。

5. 自动脱螺纹的注射模

对于有内、外螺纹,而又批量较大的塑件成形所用的模具,大部分采用自动卸螺纹的注射模具。使用这类模具可以大大地减少劳动量,提高生产效率几十倍。

用于直角式注塑机的自动卸螺纹的注射模,如图 3.4.5 所示。塑件带有内螺纹,当注塑机开模时,注塑机的开合模的丝杆带动模具的螺纹型芯 1 旋转,以使塑件与螺纹型芯脱模。

6. 热流道注射模

普通的浇注系统注射模,每次开模取塑件时,都有浇道凝料同时需要取出。

热流道注射模又称无流道注射模或无流道凝料注射模,是在注射成形过程中,利用加热或绝热的办法使浇注系统中的塑料始终保持熔融状态,在每次开模时,只需取出塑件而没有浇注系统凝料。这样就大大节约了塑料用料,提高了劳动生产效率,有利于实现自动化生产,保证了塑件的质量。但热浇道注射模具结构复杂,要求严格控制温度,因此仅适用于大批量生产。如图 3.4.6 所示的热流道注射模,其浇注系统一直在加热、保温,使得流道内的塑料始终保持熔融状态。

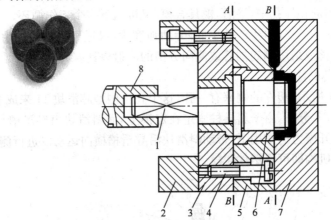

图 3.4.5　自动卸螺纹的注射模具

1—螺纹型芯；2—垫板；3—支撑板；4—定距螺钉；

5—动模板；6—衬套；7—定模板；8—注塑机开合丝杠。

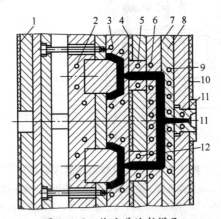

图 3.4.6　热流道注射模具

1—动模绝热板；2、3—冷却管道；4—冷、热模绝热层；5、6、9—分流道加热器安装孔；7、8—热流道板；

10—定模绝热板；11—主流道加热器安装孔；12—分流道镶块。

3.4.2　典型压缩模具结构

压缩模又称压制模，是热固性塑料的主要成型工具之一。它是借助压力机的加压和对模具的加热，使直接放入模具型腔内的塑料熔融并固化而成型出所需制件的模具。典型的压缩模具结构，如图 3.4.7 所示。它是由固定在压力机上滑块的上模部分和固定在压力机下工作台的下模部分组成。压缩模主要由七部分组成。

（1）型腔：型腔是直接成型塑件的模具部位，与加料腔一起起到盛料的作用。如图 3.4.7 中的模具型腔由上凸模 3、下凸模 8、加料腔（凹模）4 等组成。

（2）加料腔：由于压塑粉的体积较大，加料腔应比型腔深一些，供加料用。

（3）导向机构：导向机构是由 4 个导柱 6 和导套 9 组成，如图 3.4.7 所示，是为了保证合模的准确性；有些是为了保证推出机构的上下运动平稳，下模座板上设有两根导柱 14，在推板上带有导套 15 组成推板的导向机构。

（4）侧向抽芯与分型：成形具有侧向凸凹或孔的结构时，模具应设置各种侧向抽芯与分型机构，如图3.4.7所示中侧型芯20。

（5）推出机构：压缩模必须设计塑件推出机构，如图3.4.7所示，推出机构由推板17、推杆固定板19、推杆11等零件组成。

（6）加热系统：热固性塑料压缩成形靠模具加热。模具的加热形式有电加热、蒸汽加热、煤气或天然气加热等。以电加热为常见，如图3.4.7所示，加热板5、10中开设的圆孔是供插入电热棒来加热模具。

（7）支承与固定零件：主要起装配、支承、定位和连接的作用，如图3.4.7所示中的上模座板1、承压板22、凹模固定板21、垫块13、下模座板16、支承钉12及螺钉、销钉等。

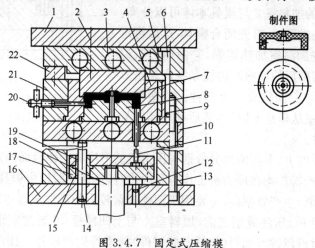

图3.4.7　固定式压缩模

1—上模座板；2—螺钉；3—凹模；4—凹模嵌件；5、10—加热板；6—导柱；7—型芯；8—凸模；9—导套；
11—推杆；12—支撑钉；13—垫块；14—推板导柱；15—推板导套；16—下模座板；17—推板；18—压机顶杆；
19—推杆固定板；20—侧型芯；21—凹模固定板；22—承压块。

压缩模的分类方法很多，按其上下模配合结构特征可分为溢式压缩模（又称敞开式压缩模，如图3.4.8（a）所示）、半溢式压缩模（又称半封闭式压缩模，如图3.4.8（c）和图3.4.7所示）和不溢式压缩模（又称封闭式压缩模，如图3.4.8（b）所示）。

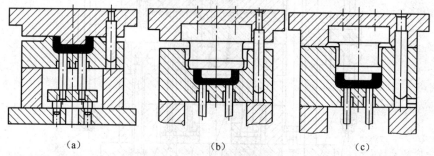

（a）　　　　　　　　　　（b）　　　　　　　　　　（c）

图3.4.8　压缩模的分类
(a)溢式压缩模；(b)半溢式压缩模；(c)不溢式压缩模。

3.4.3　典型压注模具结构

压注模又称挤塑模或传递模，是热固性塑料模塑成型的一种常用工具。压注模的结构与压缩模有许多相似之处,但也有其自身的特点。

根据所使用设备和操作方法的不同,可将压注模分为普通压力机用压注模和专用液压机用压注模两种类型;根据压注模与压力机的固定方式不同,可将其分为移动式压注模和固定式压注模。

移动式压注模的上、下模两部分均不与压力机的滑块和工作台面固定连接,这种模具可在任何形式的普通压力机上使用,其加料、合模、开模、脱取塑件等生产操作均可在压力机工作空间之外用手动完成,适于批量不大的压注成型生产。如图 3.4.9 所示,移动式压注模的加料室 2 与模具本体可以分离。采用这种模具压注成形时,首先闭合模具,然后将定量的成型物料装进加料室加热熔融,并由压力机通过压料柱塞 1 将熔融后的物料经浇注系统高速挤入闭合的模腔,以使它们固化成型为塑件。待塑件成型后,需先将加料室从模具上取下,然后利用卸模架开启模具脱取塑件。

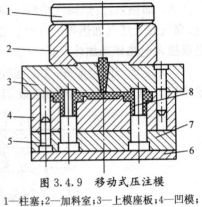

图 3.4.9 移动式压注模
1—柱塞;2—加料室;3—上模座板;4—凹模;
5—导柱;6—下模座板;
7—型芯固定板;8—型芯。

固定式压注模的上、下模两部分分别与压力机的滑块和工作台面固定联接,压料柱固定在上模部分,生产操作均在压力机工作空间内进行,塑件的脱模由模具内的顶出机构来完成,劳动强度较低,生产效率高,主要用于塑件批量较大的压注成型生产。如图 3.4.10 所示的固定式压注模,压注成型之前,加料室 4 与上凹模板 16 通过定距拉杆 18 悬挂在上、下模之间,这时可以进行加料(包括安放嵌件)清模等生产操作。压注成型开始后,整个模具闭合,压力机滑块通过压料柱 3 件加料室内熔融的成型物料经浇注系统 13 高速挤

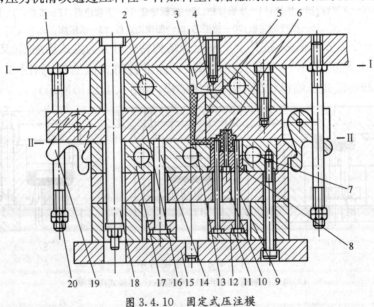

图 3.4.10 固定式压注模
1—上模座;2、7—加热器安装孔;3—压料柱;4—加料室;5—主流道衬套;6—型芯;8—凹模;9—推杆;
10—支撑板;11—推杆固定板;12—推板;13—浇注系统;14—复位杆;15—下模座;16—上凹模板;
17—凹模固定板;18—定距拉杆;19—拉钩;20—拉杆。

82

入闭合的模腔,以使它们在模腔内固化成型。开模时,压力机滑块带动上模回程,上模部分与加料室在Ⅰ—Ⅰ处分型,以便从该分型面处往加料室加料。当上模回程到一定高度时,拉杆20迫使拉钩19转动并与下模部分脱开,接着定距拉杆发挥作用,带动上凹模板及加料室在Ⅱ—Ⅱ处于下模分型,以便推出机构将塑件从该分型面处推出。

思考与练习

1. 结合下面简图,简述冲压模具的典型结构组成。

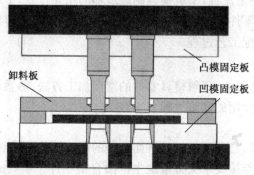

卸料板 凸模固定板 凹模固定板

2. 冲压模具的类型有哪些?
3. 单工序模、复合模和级进模各有什么优缺点?
4. 结合下面一副单分型面塑料注射模具图,简述塑料注射模的一般结构组成。

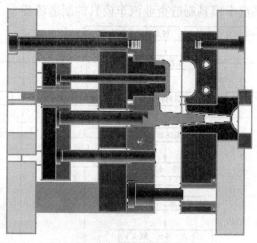

5. 注射模开模后塑件一般应留在哪一侧,为什么?
6. 双分型面注射模具的浇注系统凝料和塑件是从同一个分型面取出的吗? 为什么?

模块 4　模具制造工艺

【学习目标】

熟悉模具的一般制造流程,了解模具制造过程的主要特点;了解常用模具材料及其热表处理方法;了解模具零件机械加工和特种加工的常用方法;了解典型模具零件的制造工艺流程;了解模具的装配工艺过程。

【学习要求】

参观一家模具制造企业,了解模具零件的常用加工方法,熟悉模具零件从原始毛坯到模具装配、试模并交付使用的完整过程。

一副设计好的模具,必须要经过经济而合理的制造工艺,才能由纸质或电子形式的模具转变为实物模具,并能按要求大批量地生产出合格零件。模具的制造工艺过程主要包括模具材料的选择、模具零件的加工(包括模具非标准件的制造和模具标准件的选购及补充加工)、模具的装配与调整等几项大的工作。模具的生产流程与设备状况、人员配置及其业务水平等多种因素有关。一般标准规模工厂模具生产全过程的流程如图 4.0.1 所示。图 4.0.2 所示为某汽车模具制造企业汽车模具的制造流程。

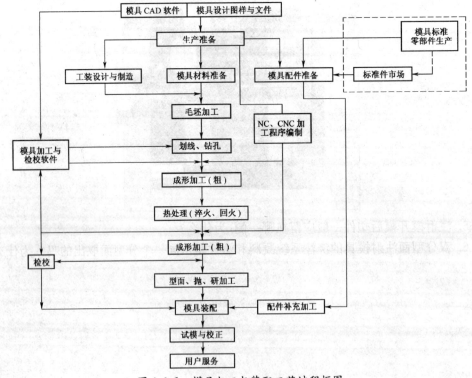

图 4.0.1　模具加工与装配工艺过程框图

一般说来,模具是专用的工艺装备,模具制造属于单件生产。尽管采取了一些措施,如模架标准化、毛坯专用化、零件商品化等,适当集中模具制造中的部分内容,使其带有批量生产的特点,但对整个模具制造过程,尤其对工作零件的制造仍然属于单件生产。模具生产具有一般机械产品生产的共性,同时又具有其特殊性。其制造过程主要特点如下:

(1) 形状复杂,加工精度高,因此需应用各种先进的加工方法(如数控铣、数控电加工、坐标镗、成形磨、坐标磨等)才能保证加工质量。如图 4.0.3 所示的模具零件,精度高且形状复杂,加工难度高。

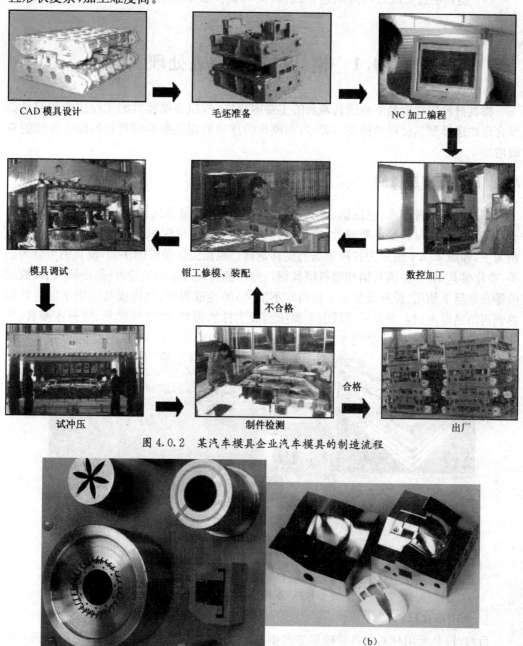

图 4.0.2　某汽车模具企业汽车模具的制造流程

图 4.0.3　加工好的模具零件

(a)冲压模具零件;(b)鼠标注射模具的型腔部分零件。

（2）模具材料性能优异,硬度高(特别是冲压模具),加工难度大,需要先进加工设备和合理安排加工工艺。

（3）模具生产批量小,大多具有单件生产的特点。在制造工艺上尽量采用万能通用机床、通用刀具、量具和仪器,应多采用少工序、多工步的加工方案,即工序集中的方案,尽可能地减少二类工具的数量,在制造工序安排上要求工序相对集中,以保证加工质量和精度,简化管理和减少工序周转时间。

（4）模具制造完成后均需调整和试模,只有试模成形出合格制件后,模具制造方算合格。

4.1　模具材料及热表处理

模具材料的性能是影响模具寿命的主要因素之一,应根据模具的工作用途和模具类型合理地选择模具材料的种类与牌号,而模具的热表处理是提高模具材料综合性能的有效措施。

4.1.1　常用模具材料

模具材料品种很多,包括钢、铸铁、硬质合金、有色金属及其合金、陶瓷及其他非金属材料等。随着新材料的不断问世,模具材料也不断更新。尽管如此,目前模具材料仍然以钢为主,如图4.1.1所示为各种形态的模具钢材。根据工作条件的不同,模具钢可分为三类:冷作模具钢、热作模具钢和塑料模具钢。冷作模具钢用于制造冷冲模、冷镦模、冷拉丝模等在常温下使用(模具及被加工材料均不加热)的冷成形模;热作模具钢用于制造将加热到再结晶温度以上的金属或液态金属压制成工件的模具,如锻压模具、热挤压模具、压铸模具等;塑料模具钢主要用于制造塑料成型模具,如塑料注射模、压缩模、吹塑模等。

图4.1.1　各种形态的模具钢材

1. 常用模具材料

目前,模具所用材料有各种碳素工具钢、合金工具钢、高速工具钢等。常用的国产模具见表4.1.1和表4.1.2。此外,常用于制造冲压模具中的上、下模座和汽车模具的材料一般为铸铁、铸钢等。

表 4.1.1　国产塑料模具钢

类别 牌号	中国	美国	日本	瑞典	德国	用　途
塑料 模具钢	B30	—	—	—	2738	用于制造生产批量小、模具载面积不大、尺寸精度及表面粗糙度要求不高的塑料成形模或模架
	B20	—	—	—	—	
	50	1050	S50C	—	C50	
	45	1045	S48C	—	C45	
	45	1045	S45C	—	C45	
	B610SM1					
	40Cr	G51400	SCr440	—		
高级镜面 模具钢	3-4Cr13	420		S-136	2083	用于制造 PVC 等腐蚀性较强的塑料模具、透明塑胶及抛光性要求较高的塑料膜
	3Cr2Mo	P20	—	—	40CrMo74	钢的纯度高，具有良好的切削加工性能，制成工模具精度高，永不变形。较高的强韧性，适合做大型复杂模具
	P4410	P20tNi	PDS5S	718	2738	

表 4.1.2　国产冷作模具钢

类别 牌号	中国	美国	日本	瑞典	德国	用　途
冷作 模具钢	T7A-T12A	W₁-7、W₁-1.2C	SK₇-SK₂	—	C70W₁、C125W	形状简单的小型工模具，可选用此材，可保证高强度、耐磨性、足够的韧性及耐用性
	GCr15	E52100	SUJ2	SKF3	100Cr6	
	60Si2Mn	—	SUP6		60Si7	
	16Mn	—	—	—	—	电机轴
	CrWMn		SKS31	—	105WCr6	落料模、冲头、成形模、搓丝板顶出杆及小型塑料压模等
	Cr12	D3	SKD1		X210Cr12	应用于小载荷条件下要求高耐磨形状简单的拉深模和冲载模
	Cr12MoV	—	—		X165CrMoV12	落料模、冲头、滚丝轮、剪刀片、冷镦模、陶土模及热固塑料成形模等
	Cr12Mo1V1D2	—	SKD11	XW-42	X155CrVMo121	重型落料模、冷挤压模、深拉伸模、滚丝模、剪刀片、冷镦模、陶土模等

2. 模具材料的选用

模具材料的选用要综合考虑模具的工作条件、性能要求、材质、形状和结构。

1) 模具材料的一般性能要求

模具材料的性能包括力学性能、高温性能、表面性能、工艺性能及经济性能等。各种模具的工作条件不同，对材料性能的要求也各有差异。

(1) 对冷作模具要求具有较高的硬度和强度，以及良好的耐磨性，还要具有高的抗压强度和良好的韧性及耐疲劳性。

（2）对热作模具除要求具有一般常温性能外，还要具有良好的耐蚀性、回火稳定性、抗高温氧化性和耐热疲劳性，同时还要求具有较小的热膨胀系数和较好的导热性，模腔表面要有足够的硬度，而且既要有韧性，又要耐磨损。

（3）压铸模的工作条件恶劣，因此，一般要求具有较好的耐磨、耐热、抗压缩、抗氧化性能等。

2）模具材料的选用原则

模具材料的选用一般应遵循以下原则。

（1）模具材料应满足模具的使用性能要求。主要从工作条件、模具结构、产品形状和尺寸、生产批量等方面加以综合考虑，确定材料应具有的性能。凡形状复杂、尺寸精度要求高的模具，应选用低变形材料；承受大载荷的模具，应选用高强度材料；承受大冲击载荷的模具，应选用韧性好的材料。

（2）模具材料应具有良好的工艺性能。一般应具有良好的可锻性、切削加工与热处理等性能。对于尺寸较大、精度较高的重要模具，还要求具有较好的淬透性、较低的过热敏感性，以及较小的氧化脱碳和淬火变形倾向。

（3）模具材料要考虑经济性和市场性。在满足上述两项要求的情况下，选用材料应尽可能考虑到价格低廉、来源广泛、供应方便等因素。

4.1.2 常用模具材料的热处理方法

热处理在模具制造中起着重要作用，无论模具的结构及类型、制作的材料和采用的成形方法如何，都需要用热处理使其获得较高的硬度和较好的耐磨性，及其他综合要求的力学性能。一般说来，模具的使用寿命及其制件的质量，在很大程度上取决于热处理。因此，在模具制造中，选用合理的热处理工艺尤为重要。

图 4.1.2　模具零件的热处理

1. 普通热处理

模具零件加工常见热处理（图 4.1.2）方法包括退火、正火、淬火、回火、调质等，见表 4.1.3。

表 4.1.3　模具零件常见热处理方法

热处理方法	定　义	目的及应用
退火	将钢件加热到临界温度以上，保温一定时间后随炉温或在土灰、石英中缓慢冷却的操作过程	消除模具零件毛坯或冲压件的内应力，改善组织，降低硬度，提高塑性
正火	将钢件加热到临界温度以上，保温一定时间后，放在空气中自然冷却的操作过程	其目的与退火基本相同
淬火	将钢件加热到临界温度以上，保温一定时间，随后放在淬火介质（水或油等）中快速冷却的操作过程	改变钢的力学性能，提高钢的硬度和耐磨性，增加模具的使用寿命
回火	将淬火钢件重新加热到临界温度以下的一定温度（回火温度），保温一定时间，然后在空气或油中冷却到室温的操作过程	它是在淬火后马上进行的一道热处理工序，其目的是消除淬火后的内应力和脆性，提高塑性与韧性，稳定零件尺寸
调质	将淬火后的钢件进行高温回火	使钢件获得比退火、正火更好的力学综合性能，可作为最终热处理，也可作为模具零件淬火及软氮化前的预先热处理

2. 表面热处理

表面热处理主要是化学表面处理法,包括渗碳、渗氮、低温碳、氮共渗、渗硫、渗金属等。

此外,还有一些新的表面强化方法,如模具表面除化学表面处理法外,还有物理表面处理法及表面覆层处理法。物理表面处理是不改变金属表面化学成分的硬化处理方法,主要包括表面淬火、激光热处理、加工硬化等;表面覆层处理法是各种物理、化学沉积等方式,主要包括镀铬、化学气相沉积(CVD)、物理气相沉积(PVD)及电火花强化等,见表4.1.4。

表 4.1.4　模具零件常见表面热处理方法

热处理方法	定　义	目的及应用
渗碳	将钢件放在含碳的介质即渗碳剂中,使其加热到一定温度(850℃～900℃),使碳原子渗入到钢件表面层内的操作过程	使模具零件表面具有高硬度和耐磨性,而心部仍保留原有的良好韧性和强度,属于表面强化处理
氮化	将钢件放在含氮的气氛中,加热至500℃～600℃,使氮渗入到钢件表面层内的操作过程	提高模具零件表面具有高硬度和耐磨性,用于工作负荷不大,但耐磨性要求高及要求耐蚀的模具零件
气相沉积	气相沉积是通过化学反应或热蒸发、溅射等物理过程,使沉积材料汽化并在基体(工件)表面形成固体膜层的方法,是一种表面覆层技术。根据成膜过程机理的不同,可分为PVD和CVD,PVD沉积温度低、操作安全性高,但膜层与基体材料的结合强度不如CVD高。模具表面处理常用的气相沉积膜层材料有TiC、TiN等	减小摩擦系数,提高硬度、耐磨性和耐蚀性,能显著提高模具寿命

4.2　模具加工方法

在模具制造中,通常按照零件结构和加工工艺过程的相似性,可将各种模具零件大致分为工作型面类零件、板类零件、轴类零件、套类零件等。其加工方法主要有机械加工、特种加工两大类,机械加工方法主要包括各类金属切削机床的切削加工,采用普通及数控切削机床进行的车、铣、刨、镗、钻、磨加工可以完成大部分模具零件加工,再配以钳工操作,可实现整套模具的制造。机械加工方法是模具零件的主要加工方法,即使是模具的工作零件采用特种加工方法加工,也需要用机械加工方法进行预加工。近年来,随着计算机技术的发展应用,数控机床在模具制造中的应用已非常广泛,使模具的精度、效率、自动化程度得到了大幅度提高。

随着信息技术的发展,在模具制造中出现了许多先进的加工工艺方法,可以满足各种复杂型面模具零件的加工需求。模具制造应根据模具设计要求和现有设备及生产条件,恰当地选用模具的加工方法。

4.2.1　毛坯的种类及选择

在模具生产中,坯料(毛坯)的加工与制造是由原材料转变为成品的生产过程的第一步。毛坯种类的选择应根据模具零件质量要求、结构尺寸和生产批量等因素来决定,并充分注意利用新技术、新工艺、新材料的可能性,以便降低成本,提高质量。

模具零件毛坯的类型、特点及选用见表 4.2.1。

表 4.2.1　模具零件毛坯的类型、特点及选用

毛坯类型	特　点	应用范围	加工余量/mm		
铸件毛坯	模具零件的铸件有铸铁件和铸钢件两种	模具的上、下模座,大型拉深模零件,热锻模的模体	最大尺寸	单边加工余量	
	铸铁件有优良的铸造性能、切削性能和耐磨、润滑性能			铸铁毛坯	铸钢毛坯
			≤315	3～5	5～7
	铸件有一定的强度,价格低廉		>315～500	4～6	6～8
	铸件由于用木模手工造型,则精度及生产效率较低		>500～800	6～8	8～10
			>800～1250	7～9	9～12
锻件毛坯	材料的组织细密,碳化物分布及锻造后流线合理,改善了热处理性能	适于对热处理要求较高,使用寿命要求长的凸模、凹模及型腔等零件	圆形锻件	锻件尺寸	单边加工余量
				≤ϕ50	1.5～3
				>ϕ50～80	2～3.5
	锻件毛坯分自由锻造和模锻件两种,前者精度低表面粗糙,余量大,适于单件小批量零件生产;模锻精度高,表面光整,余量小,纤维组织分布比较均匀,可提高机械强度,可大批量生产			>ϕ80～125	2.5～4.5
				>ϕ125～200	3～5
			矩形锻件	≤100	2～2.5
				>100～250	3～5
				>250～630	4～6
型材毛坯	常用的型材有圆形、方形、六角形和其他特殊形状的棒料条料及不同厚度的板料	适于对热处理要求不高的垫板、固定板等零件	工件长度 L 或直径 D	单边加工余量	
			<100	3～5	
	模具零件主要用冷轧棒料及板类		>100～250	3.5～5.5	
			>250～630	4～6	

4.2.2　模具的机械加工

用机械加工方法加工模具零件,要充分考虑模具零件的材料、结构形状、尺寸、精度和使用寿命等方面的不同要求,采用合理的加工方法和工艺路线,尽可能通过加工设备来保证模具零件的加工质量,减少钳工修配工作量,提高生产效率和降低成本。

常用机械加工方法,如车削、铣削、刨削、磨削、钻孔、镗孔等,其加工原理简图如图 4.2.1 所示,这些常用机械加工方法在模具零件加工中的应用见表 4.2.2。

表 4.2.2　常用机械加工方法在模具零件加工中的应用

加工方法	应　用
车	在卧式车床进行旋转体零件(如圆形凸、凹模)内、外表面的粗加工或精加工,也可进行镗孔、平端面、车螺纹等
刨	在牛头刨床及龙门刨床进行模具零件的外形平面、斜面或曲面的粗加工
铣	它比刨削加工效率高。在卧式和立式铣床可进行平面铣削,立式和万能工具铣床主要加工各种模具的型腔、型孔

加工方法	应　　用
坐标镗	坐标镗床是高精度机床,加工高精度模具不可缺少的设备,主要用于加工模具零件中孔距要求精度较高的型孔(孔径、形状与位置精度要求高的孔系),如多工位级进模的固定板、卸料板上孔系,它可不必划线直接加工
磨	平面磨主要用于坯料的准备加工,磨平面,基准面,磨平面刃口。 　　外圆磨主要用于磨导柱、圆形凸模等零件的外表面。 　　内圆磨主要用于磨导套、圆形凹模等零件的内表面。 　　成型磨削主要用于凸、凹模镶块、电极等零件的型面精加工,它可在专用成型磨床上进行,也可在平面磨床上借助专用夹具和成型砂轮进行。 　　光学曲线磨主要用于成型磨削难于加工的复杂、细小形状的精密加工。 　　坐标磨主要用于对淬火后模具零件的孔进行精加工,它是用于对淬火后进行孔加工精度最高的一种方法

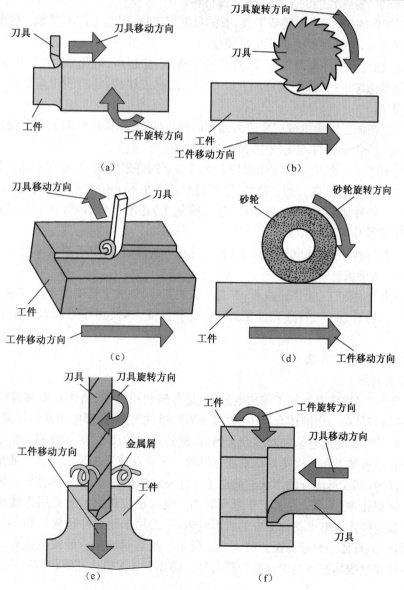

图 4.2.1　常用机械加工方法的加工原理简图
(a)车削;(b)铣削;(c)刨削;(d)磨削;(e)钻孔;(f)镗孔。

4.2.3 模具的特种加工

随着工业生产的发展和科学技术的进步,具有高强度、高硬度、高韧性、高脆性、耐高温等特殊性能的新材料不断出现,使切削加工出现了许多新的困难和问题。在模具制造中,对形状复杂的型腔、凸模和凹模型孔等采用切削方法往往难以加工。特种加工就是在这种情况下产生和发展起来的。特种加工是直接利用电能、热能、光能、化学能、电化学能、声能等进行加工的工艺方法,与传统的切削加工方法相比其加工机理完全不同。目前,在生产中应用的有电火花加工、电铸加工、电解加工、超声波加工和化学加工等。

1. 特种加工的特点

(1) 不用机械能,与加工对象的力学性能无关,可加工各种硬、软、脆、热敏、耐腐蚀、高熔点、高强度、特殊性能的金属和非金属材料。

(2) 非接触加工,不一定需要工具,有的虽使用工具,但与工件不接触。因此,工件不承受大的作用力,工具硬度可低于工件硬度。

(3) 微细加工,工件表面质量高,有些特种加工,如超声、电化学、水喷射、磨料流等,加工余量都是微细进行,故不仅可加工尺寸微小的孔或狭缝,还能获得高精度、极低粗糙度的加工表面。

(4) 不存在加工中的机械应变或大面积的热应变,可获得较低的表面粗糙度,其热应力、残余应力、冷作硬化等均比较小,尺寸稳定性好。

虽然特种加工已解决了传统切削加工难以加工的许多问题,在提高产品质量、生产效率和经济效益上显示出很大的优越性,但目前它还存在不少有待解决的问题。

(1) 不少特种加工的机理(如超声、激光等加工)还不十分清楚,其工艺参数选择、加工过程的稳定性均需进一步提高。

(2) 有些特种加工(如电化学加工)加工过程中的废渣、废气若排放不当,会产生环境污染,影响工人健康。

(3) 有些特种加工(如快速成形、等离子弧加工等)的加工精度及生产效率有待提高。

(4) 有些特种加工(如激光加工)所需设备投资大、使用维修费高,亦有待进一步解决。

2. 常见特种加工方法

1) 电火花加工

电火花加工(也称电蚀加工或放电加工)是直接利用电能、热能对金属进行加工的一种方法,其原理是在一定液体介质中(如煤油等),通过工具(成形电极或线切割丝)与工件之间产生脉冲性火花放电来蚀除多余金属,以达到零件的尺寸、形状及表面质量要求。它包括电火花成形加工和电火花线切割加工两种。电火花成形加工的工具一般是采用石墨或纯铜制成的,其成形部分的形状与待加工工件型面相似,一般用于制作塑料模具的型腔等不通的异型孔,图4.2.2是其工作原理简图。电火花线切割加工是用连续移动的电极丝作为工具电极代替电火花加工中的成形电极,一般用于制作冲压模具的异型凸模或凹模等异型通孔,其加工原理简图如图4.2.3所示。线切割加工一般按电极丝走丝速度的快慢分为快走丝线切割和慢走丝线切割两种。图4.2.4为电火花线切割机床及其制造的模具零件。

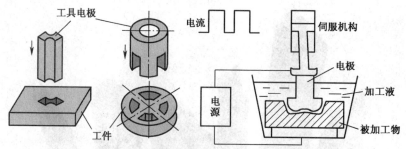

图 4.2.2 电火花成形加工的工作原理简图

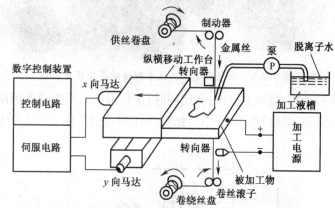

图 4.2.3 电火花线切割加工的工作原理简图

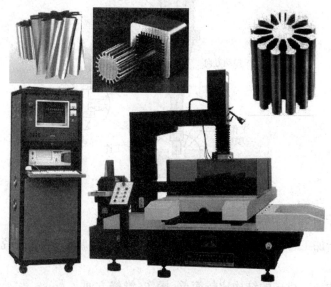

图 4.2.4 电火花线切割机床及其制造的模具零件

采用电火花加工技术可以加工硬度高、形状复杂的型孔,如图 4.2.5 所示就是由电火花成形加工和电火花线切割加工制造出的复杂模具零件(镶件)。

2) 超声波加工

超声波加工又称超声加工,是利用工具端面的超声振动,通过磨料悬浮液加工硬脆材料的一种成型分方法,其原理如图 4.2.6 所示。加工时,在工具头和工件之间加入磨料悬浮液,超声装置驱动工具头的端面作超声振动,迫使磨料悬浮液中的磨粒以很大的加速度

图 4.2.5　由电火花加工技术制造的复杂模具零件

和速度不断地锤击、冲击被加工表面；与此同时，工作液在超声振动作用而产生的高频、变频的液压负冲击波和"空化"作用，加剧机械破坏作用，这样，使工件上被加工表面的材料被加工下来。

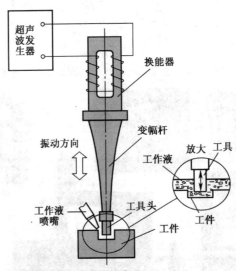

图 4.2.6　超声波加工原理

超声波加工具有以下特点。

（1）适合于加工各种脆硬材料，特别是不导电的非金属材料，如陶瓷、玻璃、硅、石英、金刚石等。

（2）超声波加工机床的结构比较简单，操作、维修方便。

（3）超声波加工可以加工薄壁、窄缝、低刚度零件，加工后工件表面粗糙度也比较低，可达 $R_a 0.1 \mu m \sim 1 \mu m$，加工精度可达 $0.01mm \sim 0.02mm$。因此，在模具加工中常用作模具零件表面的抛光。

3）电化学加工

电化学加工是通过电化学反应去除工件材料或在其上镀覆金属材料等的特种加工。其中电解加工适用于深孔、型孔、型腔、型面、倒角去毛刺、抛光等。电铸加工适用于形状复杂、精度高的空心零件等。涂覆加工可针对表面磨损、划伤、锈蚀的零件进行涂覆以恢复尺寸；对尺寸超差产品进行涂覆补救。对大型、复杂、小批工件表面的局部镀防腐层、耐腐层，以改善表面性能。

特种加工虽然有很多优势，但仍然需要用机械加工方法进行预加工，它是机械加工方法的重要补充。如图 4.2.7 所示，为了提高电火花加工的生产效率，一般需要将型孔采用铣削或钻削作预加工，以去除大量加工余量，再采用电火花加工。

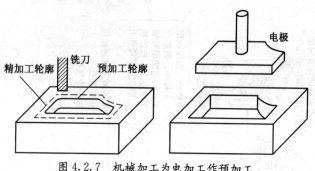

图 4.2.7　机械加工为电加工作预加工

4.3　典型模具零件制造

模具零件的制造过程同一般的机械零件的加工过程类似，分为毛坯准备、毛坯加工、零件加工、装配与修整几个步骤。

图 4.3.1 和图 4.3.2 所示的冲裁模和弯曲模的制造工序与过程是冷冲压两大典型冲压工序（分离工序和成形工序）模具制造的典型代表。

从制造观点看，按照模具零件结构和加工工艺过程的相似性，可将各种模具零件大致分为工作型面零件、板类零件、轴套类零件等，其加工特点见表 4.3.1。在制定模具零件加工工艺方案时，必须根据具体加工对象，结合企业实际生产条件进行制定，以保证技术上先进和经济上合理。

由表 4.3.1 中可以看出，在模具零件中，工作零件复杂的形面（状）、较高的尺寸精度、较低的表面粗糙度、高硬度的材料等，是制造的难点和关键点。

4.3.1　工作零件的制造

工作零件包括冲压模具中的凸模与凹模及其镶件、塑料模具中的型芯与凹模及其镶件。其中，冲压模具中冲裁模的工作零件，具有锋利刃口，凸、凹模之间的间隙较小的特点；其他成形模具的工作零件不带有锋利刃口，而带有圆角半径和型面，表面质量要求更加高，凸模（型芯）、凹模之间的间隙也要大些。

1. 冲裁模工作零件的制造

冲裁模工作零件一般采用工具钢或合金工具钢制造，热处理后的硬度达 60HRC 左右；刃口尺寸精度一般在 IT6 级～IT9 级，工作表面粗糙度在 $Ra1.6\mu m \sim 0.4\mu m$；刃口锋利，凸、凹模装配后有较小的间隙等特点。

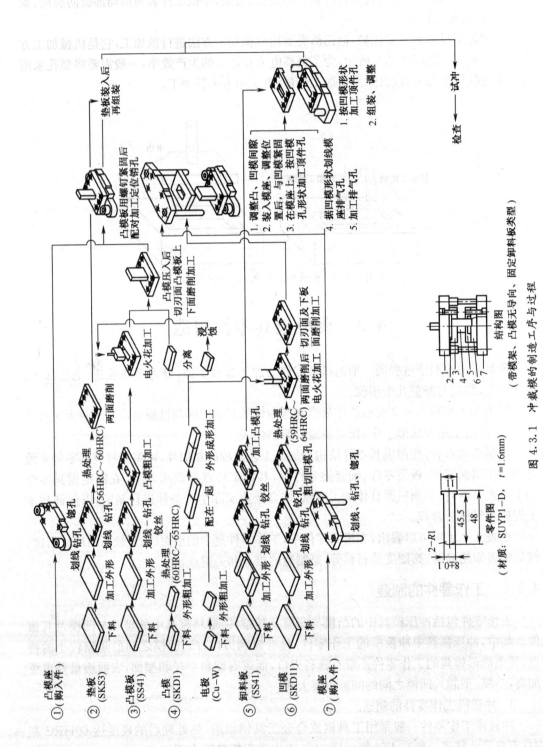

图 4.3.1 冲裁模的制造工序与过程

96

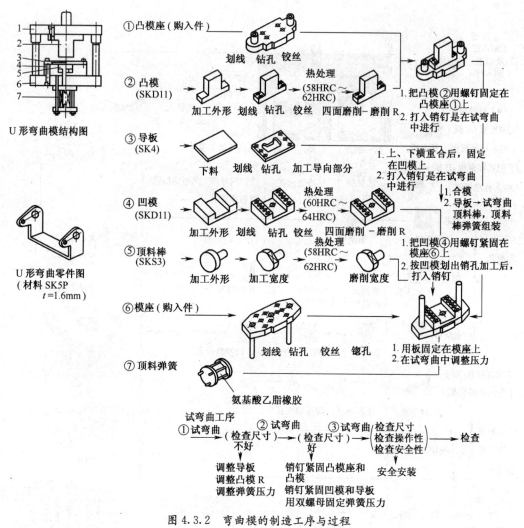

图 4.3.2　弯曲模的制造工序与过程

表 4.3.1　模具零件加工特点

零件类型	加 工 特 点
工作型面零件	工作零件主要凸模和凹模，其形状、尺寸差别较大，有较高的加工要求。凸模的加工主要是外形加工；凹模的加工主要是孔（系）、型腔加工，而外形加工比较简单。一般遵循先粗后精，先基准后其他，先平面后轴孔，且工序要适当集中的原则。加工方法主要有机械加工和机械加工再辅以电加工两种方法
板类零件	板类零件是指模座、凹模板、固定板、垫板、卸料板等平板类零件，是由平面和孔系组成，一般遵循先面后孔的原则，即先刨、铣、平磨等加工平面，然后用钻、铣、镗等加工孔，对于复杂异型孔可以采用线切割加工。孔的精加工可采用坐标磨等
轴、套类零件	轴、套类零件主要指导柱和导套等导向零件，它们一般是由内、外圆柱表面组成。其加工精度要求主要体现在内、外圆柱表面的表面粗糙度及尺寸精度和各配合圆柱表面的同轴度等。导向零件的形状比较简单，加工工艺不复杂，加工方法一般在车床进行粗加工和半精加工，有时需要钻、扩和镗孔后，再进行热处理，最后在内、外圆磨床上进行精加工，对于配合要求高、精度高的导向零件，还要对配合表面进行研磨

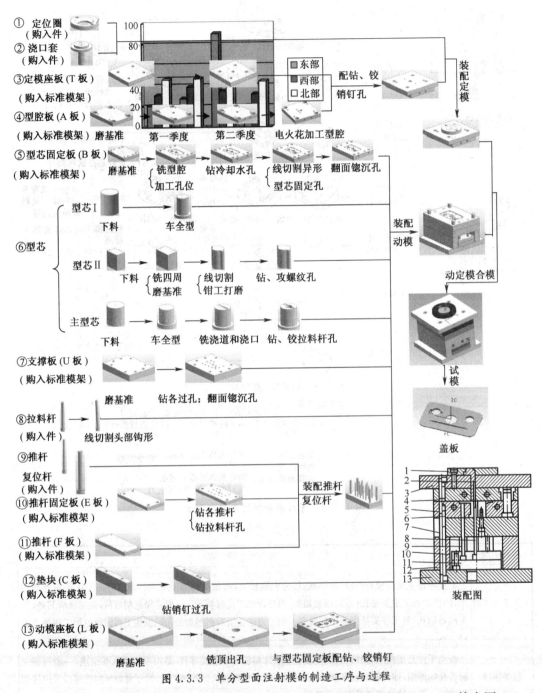

图 4.3.3　单分型面注射模的制造工序与过程

冲裁模工作零件制造的典型工艺路线主要有以下三种形式(图 4.3.4),其中图 4.3.4 (a)的工艺路线钳工工作量较大且技术要求高,适用于形状简单、热处理变形小的零件;图 4.3.4(b)的工艺路线能消除热处理变形对模具精度的影响,使凸、凹模的加工精度容易保证,可用于热处理变形大的零件;图 4.3.4(c)的工艺路线用于形状复杂、热处理变形大的直通式凸、凹模零件。

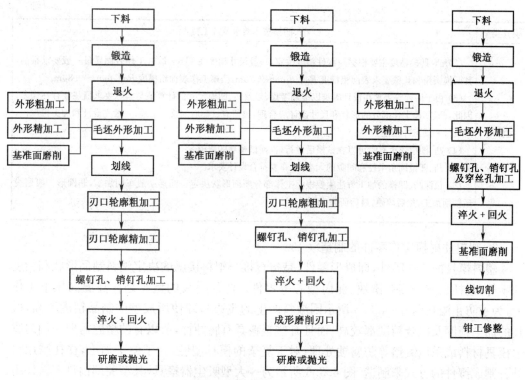

图 4.3.4 冲裁模工作零件制造的典型工艺路线

(a)钳工为主的加工路线;(b)成形磨削为主的加工路线;(c)线切割为主的加工路线。

2. 冲压成形模具工作零件的制造

塑性成形工序最常见的是弯曲和拉深,成形模不同于冲裁模,凸、凹模不带有锋利刃口,而带有圆角半径和型面,表面质量要求更加高,凸、凹模之间的间隙也要大些(单边间隙略大于坯料厚度)。弯曲模和拉深模凸、凹模技术要求及加工特点见表 4.3.2。

表 4.3.2 弯曲模和拉深模凸、凹模技术要求及加工特点

模具类型	凸、凹模技术要求及加工特点
弯曲模	(1) 凸、凹模材质应具有高硬度、高耐磨性、高淬透性,热处理变形小,形状简单的凸、凹模一般用 T10A、CrWMn 等,形状复杂的凸、凹模一般用 Cr12、Cr12MoV、W18Cr4V 等,热处理后的硬度为 58HRC~62HRC。 (2) 凸、凹模精度主要根据弯曲件精度决定,一般尺寸精度在 IT6~IT9,工作表面质量一般要求很高,尤其是凹模圆角处(表面粗糙度 $Ra0.8\mu m \sim 0.2\mu m$)。 (3) 由于回弹等因素在设计时难以准确考虑,导致凸、凹模尺寸的计算值与实际要求值往往存在误差。因此,凸、凹模工作部分的形状和尺寸设计应合理,要留有试模后的修模余地;一般先设计和加工弯曲模,后设计和加工冲裁模。 (4) 凸、凹模淬火有时在试模后进行,以便试模后的修模。 (5) 凸、凹模圆角半径和间隙的大小、分布要均匀。 (6) 凸、凹模一般是外形加工
拉深模	(1) 凸、凹模材质应具有高硬度、高耐磨性、高淬透性,热处理变形小,形状简单的凸、凹模一般用 T10A、CrWMn 等,形状复杂的凸、凹模一般用 Cr12、Cr12MoV、W18Cr4V 等,热处理后的硬度为 58HRC~62HRC。

模具类型	凸、凹模技术要求及加工特点
拉深模	（2）凸、凹模精度主要根据拉深件精度决定，一般尺寸精度在 IT6～IT9，工作表面质量一般要求很高，其凹模圆角和孔壁要求表面粗糙度 $Ra0.8\mu m～0.2\mu m$，凸模工作表面粗糙度 $Ra1.6\mu m～0.8\mu m$。 （3）由于回弹等因素在设计时难以准确考虑，导致凸、凹模尺寸的计算值与实际要求值往往存在误差。因此，凸、凹模工作部分的形状和尺寸设计应合理，要留有试模后的修模余地；一般先设计和加工拉深模，后设计和加工冲裁模。 （4）凸、凹模淬火有时可以在试模后进行，以便试模后的修模。 （5）凸、凹模圆角半径和间隙的大小、分布要符合设计要求。 （6）拉深凸、凹模的加工方法主要根据工作部分断面形状决定。圆形一般车削加工，非圆形一般划线后铣削加工，然后淬硬，最后研磨、抛光

3. 塑料注射模工作零件的制造

塑料模具的工作零件，即成形零件，是指直接与塑料接触的决定塑料制品形状和精度的零件，包括型腔、型芯、镶块、侧向型芯等零件。注射模具的型腔是在高温高压下工作的，为了防止溢料（如图 4.3.5 所示因溢料产生的飞边），即使所成型的制品精度不高，模具的加工精度及配合精度都较高；而且有些塑料具有腐蚀性，所以有的型腔需要采用耐腐蚀模具材料或采用镀铬等防腐蚀处理；对于复杂的模具型腔，为了便于加工，往往采用将其分割成镶件的方式来制造，图 4.3.6 所示为一大型吸尘器模具，其型腔即由许多镶件组成；型腔的加工主要是进行各种形状的凹型面加工，形状复杂，加工难度高，一般以采用电火花加工为主；型芯的加工主要是进行各种形状的凸型面加工。其加工要点见表 4.3.3。

溢料产生的飞边

图 4.3.5　溢料产生的飞边

图 4.3.6　大型吸尘器模具

表 4.3.3　型腔、型芯零件制造要点

项目 零件类型		加 工 方 法	材料	热处理 要求	表面粗糙度
型腔	回转体	粗车——热处理(淬火)——磨削配合面——电加工成型面——抛光	T8,T10A, CrWMn, 9Mn2V,20钢, 40Cr	40HRC~ 50HRC	型腔表面:$Ra0.2\mu m$~ $Ra0.1\mu m$ 配合面:$Ra0.8\mu m$
	非回转体	粗铣——热处理(淬火)——磨削配合面——电加工成型面——抛光			
型芯		加工方法同型腔,成型表面上的局部沟槽、曲面等形状应在主要成型表面加工完成后再加工,以保证其位置、尺寸与形状的准确	T7A、T8、 T10A、Cr12	45HRC~ 50HRC	型芯表面:$Ra0.1\mu m$~ $Ra0.025\mu m$ 配合面:$Ra0.8\mu m$

4.3.2　模板及轴套类零件的制造

模具零件除工作型面零件外,还有模座、导柱、导套、固定板、卸料板等其他模具零件,它们主要是板类零件、轴类零件和套类零件等。其他模具零件的加工相对于工作型面零件要容易些,其他模具零件加工特点见表4.3.4。

表 4.3.4　其他模具零件的加工方法

零件名称	常用加工方法
模座	模座是组成模架的主要零件之一,属于板类零件,一般都是由平面和孔系组成。其加工精度要求主要体现在模座的上、下平面的平行度,上、下模的导套、导柱安装孔中心距应保持一致,模座的导柱、导套安装孔的轴线与模座的上、下平面的垂直度,以及表面粗糙度和尺寸精度。 模座的加工主要是平面加工和孔系的加工。在加工过程中,为了保证技术要求和加工方便,一般遵循先面后孔的加工原则,即先加工平面,再以平面定位进行加工孔系。模座的毛坯经过刨削或铣削加工后,对平面进行磨削可以提高模座平面的平面度和上下平面的平行度,同时容易保证孔的垂直度要求。孔系的加工可以采用钻、镗削加工,对于复杂异型孔可以采用线切割加工。为了保证导柱、导套安装孔的间距一致,在镗孔时经常将上、下模座重叠在一起,一次装夹同时镗出导柱和导套的安装孔
导柱和导套	滑动式导柱和导套属于轴类和套类零件,一般是由内、外圆柱表面组成。其加工精度要求主要体现在内、外圆柱表面的表面粗糙度及尺寸精度;各配合圆柱表面的同轴度等。导向零件的配合表面都必须进行精密加工,而且要有较好的耐磨性。 导向零件的形状比较简单。加工方法一般采用普通机床进行粗加工和半精加工后再进行热处理,最后用磨床进行精加工,消除热处理引起的变形,提高配合表面的尺寸精度和减少配合表面的粗糙度。对于配合要求高、精度高的导向零件,还要对配合表面进行研磨,才能达到要求的精度和表面粗糙度。导向零件的加工工艺路线一般是:备料→粗加工→半精加工→热处理→精加工→光整加工
固定板、 卸料板、 垫板	固定板和卸料板的加工方法与凹模板十分类似,主要根据型孔形状来确定方法。对于圆孔,可采用车削,矩形和异形孔可采用铣削或线切割,对系列孔可采用坐标镗削加工。 垫板的加工与固定板、卸料板的区别主要是其上的孔全部为过孔,精度要求低,主要是采用钻—扩的加工方法,要保证上、下表面的平行度及高硬度要求

4.4 模具装配与调试

将完成全部加工,经检验符合图纸和有关技术要求的模具成形(型)件、结构件、配购的标准件(标准模架等)以及通用件,按总装配图的技术要求和装配工艺顺序逐件进行配合、修整、安装和定位,经检验和调整合格后,加以连接和紧固,使之成为整体模具的过程称为模具装配。在装配过程中,既要保证配合零件的配合精度,又要保证零件之间的位置精度,对于具有相对运动的零(部)件,还必须保证它们之间的运动精度。模具装配是模具制造过程中的关键工序,模具装配的质量直接影响制件的冲压质量、模具的使用和模具寿命。

4.4.1 模具的装配方法及装配工艺过程

1. 模具的装配方法

模具属单件生产。组成模具实体的零件,有些在制造过程中是按照图纸标注的尺寸和公差独立地进行加工的(如落料凹模、冲孔凸模、导柱和导套、模柄等),这类零件一般都是直接进入装配;有些在制造过程中只有部分尺寸可以按照图纸标注尺寸进行加工,需协调相关尺寸;有的在进入装配前,需采用配制或合体加工;有的需在装配过程中通过配制取得协调,图纸上标注的这部分尺寸只作为参考(如模座的导套或导柱固装孔,多凸模固定板上的凸模固装孔,需连接固定在一起的板件螺栓孔、销钉孔等)。

因此,模具装配适合于采用集中装配,在装配工艺上多采用修配法和调整装配法来保证装配精度。从而实现能用精度不高的组成零件,达到较高的装配精度,降低零件加工要求。

2. 模具的装配工艺过程

在模具装配之前,要认真研究模具图纸,根据其结构特点和技术条件,制定合理的装配方案,并对提交的零件进行检查,除了必须符合设计图纸要求外,还应满足装配工序对各类零件提出的要求,检查无误方可按规定步骤进行装配。在装配过程中,要合理选择检测方法及测量工具。模具装配工艺过程如图4.4.1所示。

模具装配完成以后,在交付生产之前,应进行试模,试模的目的有两个:一是检查模具在制造上存在的缺陷,并查明原因加以排除;二是还可以对模具设计的合理性进行评定并对成形工艺条件进行探索,这将有益于模具设计和成形工艺水平的提高。

4.4.2 冲模的装配与调试

1. 冲模的装配

为了便于对模,总装前应合理确定上、下模的装配顺序,以防出现不便调整的情况。上、下模的装配顺序与模具的结构有关。在收集好所有需要装配的零件(图4.4.2)后,一般先装基准件,再装其他零件并调整间隙均匀。不同结构的模具装配顺序说明如下:

(1) 无导向装置的冲模。这类模具的上、下模,其间的相对位置是在压力机上安装时调整的,工作过程中由压力机的导轨精度保证,因此装配时,上、下模可以独立进行,彼此基本无关。

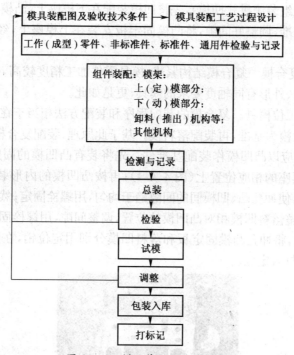

图 4.4.1　模具装配工艺过程图

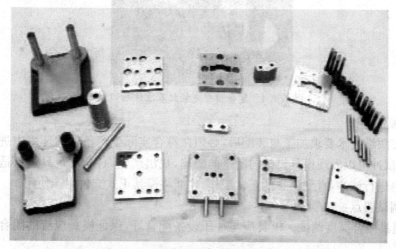

图 4.4.2　收集好所有需要装配的零件

　　(2) 有导柱的单工序模。这类模具装配相对简单。如果模具结构是凹模安装在下模座上,则一般先将凹模安装在下模上,再将凸模与凸模固定板装在一起,然后依据下模配装上模。其装配路线如图 4.4.3 所示。

　　　　导套装配→模柄装配↘
　　　　　　　　　　　　　　模架→装配下模部分→装配上模部分→试模
　　　　导柱装配↗

图 4.4.3　有导柱的单工序模装配路线

　　(3) 有导柱的连续模。通常,导柱导向的连续模都以凹模作为装配基准件(如果凹模

103

是镶拼式结构,应先组装镶拼式凹模),先将凹模装配在下模座上,凸模与凸模固定板装在一起,再以凹模为基准,调整好间隙,将凸模固定板安装在上模座上,经试冲合格后,钻铰定位销孔。

(4) 有导柱的复合模。复合模结构紧凑,模具零件加工精度较高,模具装配的难度较大,特别是装配对内、外形有同轴度要求的模具,更是如此。

复合模属于单工位模具。复合模的装配程序和装配方法相当于在同一工位上先装配冲孔模,然后以冲孔模为基准,再装配落料模。基于此原理,装配复合模应遵循如下原则。

① 复合模装配应以凸凹模作装配基准件。先将装有凸凹模的固定板用螺栓和销钉安装、固定在指定模座的相应位置上(图4.4.4);再按凸凹模的内形装配、调整冲孔凸模固定板的相对位置,使冲孔凸、凹模间的间隙趋于均匀,用螺栓固定;然后再以凸凹模的外形为基准,装配、调整落料凹模相对凸凹模的位置,调整间隙,用螺栓固定。

② 试冲无误后,将冲孔凸模固定板和落料凹模分别用定位销,在同一模座经钻铰和配钻、配铰销孔后,打入定位。

图 4.4.4　复合模中先装配基准件凸凹模

2. 冲模的调试

模具按图纸技术要求加工与装配后,必须在符合实际生产条件的环境中进行试冲压生产,通过试冲可以发现模具设计与制造的缺陷,找出产生原因,对模具进行适当的调整和修理后再进行试冲,直到模具能正常工作,才能将模具正式交付生产使用。

冲模调试要点:

(1) 模具闭合高度调试。模具应与冲压设备配合好,保证模具应有的闭合高度和开启高度。

(2) 导向机构的调试。导柱、导套要有好的配合精度,保证模具运动平稳、可靠。

(3) 凸、凹模刃口及间隙调试。模具间隙要符合要求,其中冲裁模要求刃口锋利。冲压模具间隙的调整通常有测量法(用厚薄规)、透光法、切纸法、垫片法(图4.4.5)、镀铜法等,见表4.4.1。

(4) 定位装置的调试。定位要准确、可靠。

(5) 卸料及出件装置的调试。卸料及出件要通畅,不能出现卡住现象。

冲模装配完成后,在生产条件下进行试冲,通过试冲可以发现模具设计和制造的缺陷,找出产生的原因,对模具进行适当的调整和修理后再进行试冲,直到模具能正常工作,冲出合格的制件,模具的装配过程宣告结束,即可投入使用。

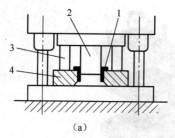

（a）　　　　　　　　　　　（b）

图 4.4.5　用垫片法调整凸、凹模配合间隙

(a)用垫片法调整凸、凹模配合间隙的示意图；(b)实际生产中的模具装配。

1—垫片；2—凸模；3—等高垫铁；4—凹模。

表 4.4.1　冲压模具间隙的常用调整方法

方法	说　　　明
透光法	此法适用于具有导柱、导向的中小模具。可测量的单边间隙达 0.05mm。其方法为，将模具倒置，用灯光照射，从漏料孔中观察凸、凹模之间的间隙及其均匀性，并调节凸模组合
切纸法	常用 0.05mm 厚纸，放在凸模之间，用凸模冲切，目测切下的纸片或孔可判断间隙的均匀性，并调节凸模组合位置。 适用于测量的单边间隙为≤0.1mm，具有导柱、导套导向的中小模具
垫片法	采用与规定的间隙相同的铝片或铜片，垫于凹模刃口周边，试冲后，观察垫片与凸模接触情况，以调节间隙。此法适用于测量单边间隙≤0.01mm 的冲模
镀铜法	此法适用于形状复杂、多凸模的冲裁模。镀铜的厚度与间隙相同。目测试冲状态，以调节凸模组合位置

4.4.3　塑料模的装配与调整

　　塑料模具的装配与冲压模具的装配有许多相似之处，但在某些方面其要求更为严格，如塑料模具闭合后要求分型面均匀密合。在某些情况下，动模和定模上的型芯也要求在合模后保持紧密接触。类似这些要求会增加修配的工作量。

　　从图 4.4.6 所示的塑料模具爆炸图可以看出，组成塑料模具的模具零件很多，因此装配时应按照一定要求才能顺利完成装配。在塑料模具装配时，一般是将相互配合的零件先装配成组件（或部件），然后再将这些组件（部件）进行最后总装配和试模，如图 4.4.7 所示。

　　组件（部件）的装配主要包括型芯及其固定板的装配，型腔及其固定板的装配，滑块抽芯机构的装配，浇口套的装配，导柱、导套的装配等。在完成组件装配并检验合格后，即可进行模具的总装。总装时，先将动模部分装配好，并检验顶出机构的滑动配合情况；装配定模时，注意检查型腔板与浇口套的浇道锥孔是否对正。

　　塑料模的调整主要指模具的开模距离、顶出距离和锁模力等的调整。

　　开模距离与制品高度有关，一般开模距离要大于制品加上浇注系统的高度 5mm～10mm，使制品及浇注系统凝料能自由脱落。

　　顶出距离的调整主要是对注射机顶出杆长度的调整，保证顶出距离及运动平衡、灵活和协调。

图 4.4.6　塑料模具的爆炸图

(b)

（c）

（d）

图 4.4.7　塑料模具的装配顺序

(a)型腔部分装配；(b)固定板及上下顶出板的装配；
(c)模脚及下固定板的装配；(d)装配结束。

　　锁模力的调整主要是调整合模的松紧程度，既要防止制件溢边，又能保证型腔的适当排气。

将模具安装到注射机上，经过以上的调整、检查，做好试模准备后选用合格原料，根据推荐的工艺参数将料筒和喷嘴加热。当料筒和喷嘴温度合适后，即可合模、开机、试模。

在试模过程中应详细记录，并将结果填入试模记录卡，注明模具是否合格。如需返修，应提出返修意见。在记录卡中应摘录成型工艺条件及操作注意要点，最好能附上注射成型的制件，以供参考。

对试模合格的模具，应清理干净，涂上防锈油后入库。

思考与练习

1. 标准件就是从标准件厂购买来直接装配在模具上的、不需进行任何加工的零件吗？标准件在模具制造过程中起到什么作用？

2. 如何提升模具的性价比？

3. 模具寿命是越高越好吗？

4. 模具拆装过程中有哪些零件是不能随便拆卸的？

5. 为何一副模具中不同模具零件采用的模具材料及毛坯形式会不同呢？大概有哪些区别？

6. 模具的各类加工方法中，哪些属于粗加工？哪些属于精加工？淬火后的零件可以进行哪些加工方法？

7. 模具装配就是把加工好的模具零件一次性像搭积木一样装配在一起吗？为什么？

8. 装配好了的模具就可以安装在机床上直接生产了吗？为什么？

模块5 先进模具技术

【学习目标】

了解先进的模具设计方法和制造技术；了解国内外模具新材料及其先进的热表处理方法；了解先进的模具企业生产管理模式。

【学习要求】

通过网络、书籍等资源查阅先进模具技术的相关资料，至少参观一家外资模具企业，了解其先进的模具生产管理模式。

为适应市场变化，随着计算机技术和制造技术的迅速发展，模具设计与制造技术正由手工设计、依靠人工经验和常规机械加工技术向以计算机辅助设计（CAD）、数控切削加工、数控电加工为核心的计算机辅助设计与制造（CAD/CAM）技术转变。

随着功能强大的专业软件和高效集成制造设备的出现，以三维造型为基础、基于并行工程（CE）的模具CAD/CAM技术正成为发展方向，它能实现面向制造和装配的设计，实现成形过程的模拟和数控加工过程的仿真，使设计、制造一体化。

模具CAD/CAM所包含的内容可大可小，没有统一定义。狭义上说，它是计算机辅助某种类型的设计、计算、分析和绘图，以及数控加工自动编程等的有机集成；广义上说，它是包括成组技术（GT）、CAD、计算机辅助工程（CAE）、计算机辅助工艺过程设计（CAPP）、计算机辅助检测（CAT）、数控技术（NC、CNC、DNC）、柔性制造技术（FMS）、物料资源规划（MRP）、管理信息系统（MIS）、企业管理（MKT）、办公室自动化（OA）、自动化工厂（FA）等多种计算机技术在模具生产中的综合。在CAD/CAE/CAPP/CAM集成技术支持下，塑料注射模具设计与制造过程发生了根本上的变化，如图5.0.1所示。图5.0.2是数码相机外壳在模具CAD/CAM技术支持下的分析、设计及仿真加工。

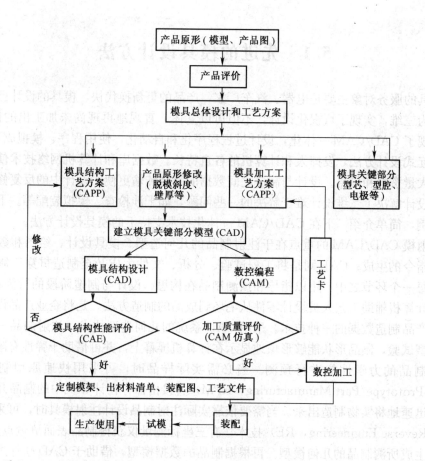

图 5.0.1 CAD/CAE/CAPP/CAM 集成技术支持下的塑料注射模设计与制造流程

图 5.0.2 模具 CAD/CAM 技术在数码相机外壳生产中的应用

5.1 先进的模具设计方法

模具的服务对象主要是电器、汽车厂家，产品的更新换代快，模具的设计已经从二维发展为三维，实现了可视化设计，不但可以立体、直观地再现尚未加工出的模具体，真正实现了 CAD/CAM 一体化，设计过程程序化和自动化，使用程序、模拟成形过程，采用交互式设计方法，发挥人和计算机的各自特长。数据库和计算机网络技术使设计人员拥有大量资料和信息。设计与制造之间数据的直接传输更便于设计中的反复修改，而且三维设计解决了二维设计难于解决的一些问题，如干涉检查、模拟装配等。下面以注射模为例，简单介绍一下在 CAD/CAM 一体化技术支持下的模具设计方法。

注射模 CAD/CAM 的重点在于注射制品的几何造型、模具设计、绘图和数控加工数据及指令的生成；CAE 则是将工程试验、分析、文件生成乃至制造贯穿于制品研制过程的每一个环节之中，用以指导和预测制品在构思、设计与制造阶段的行为；CAPP 是利用计算机辅助工艺人员设计零件从毛坯到成品的制造方法，是将企业产品设计数据转换为产品制造数据的一种技术。采用 CAD 系统的几何造型技术，注射制品一般不必进行原型试验，制品形状能够形象地显示在计算机屏幕上，并可借助于弹性有限元分析软件对制品的力学性能进行预测。当必需实际样品时，可采用快速原型制造技术（Rapid Prototype/Part Manufacturing，RPM）直接由保存在计算机中的制品几何模型自动而迅速地将实物制造出来。当需要依靠实际注射制品设计注射模具时，可采用逆向工程（Reverse Engineering，RE）技术，有三坐标测量仪获得制品表面测量点的数据，再据此生成所测制品的几何模型。再根据制品的数据模型，借助于 CAD 软件进行模具总体结构、型腔部分及其他零部件的分析、设计、模拟、验证，最终输出模具的三维装配模型、整套模具上每一个零件的数据模型及工程图样，这些信息包含丰富的内在信息，包括其材料、属性、装配关系等。在模具图下达车间制造之前，CAE 软件可以预测成型工艺及模具结构等有关方案和参数的正确性；利用流动模拟软件，可以考察塑料熔体在模具型腔内的流动过程，以此改进流道系统的设计，提高试模的成功率；可以利用冷却缝隙软件来考察塑料熔体的凝固过程和模温的变化，以此改进模具的冷却系统，调整注射成型工艺参数，提高制品的质量和生产效率；还可以采用应力软件来预测制品从模具内取出后的翘曲和变形。借助于 CAM 软件，模具型腔的几何数据能交互地转换为机床刀具的曲面运动轨迹，进而生成数控加工指令，这样可以省去模型的制作工序。在实际加工之前，还可以采用数控加工过程仿真软件对切削过程进行检验，以避免误切。

例如，目前比较普遍的模具设计及制造过程为：可以根据客户提供的二维产品图纸或者实物样件，利用 CAD 软件进行产品三维模型的创建；接着就可以利用 CAE 软件进行相关的模拟分析，以便在模具投入实质性制造之前发现问题，并通过改进工艺或模具来解决问题；再利用 CAD 软件的模具设计模块进行相应的模具设计；在完成模具设计后，即可利用 CAM 软件对模具零件的制造及装配过程进行模拟仿真加工，以进一步优化加工参数及过程如图 5.1.1 所示。

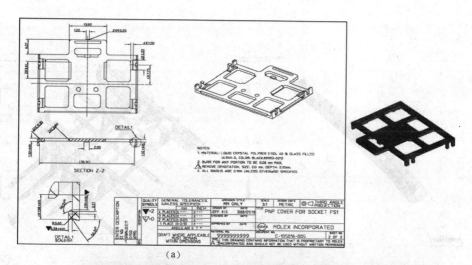

（a）

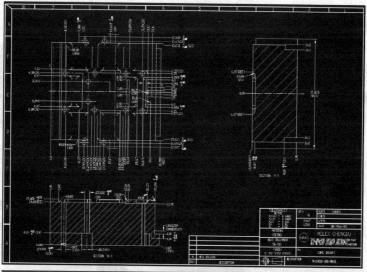

（b）

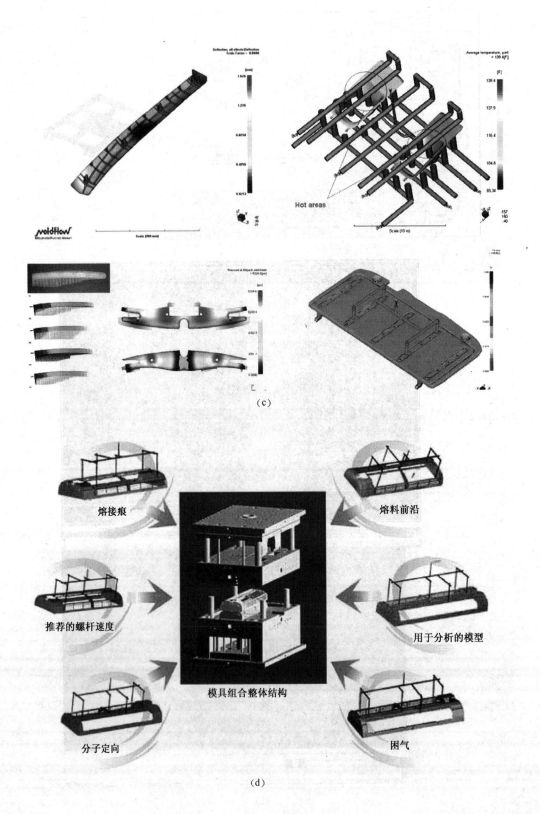

Hot areas

（c）

熔接痕   熔料前沿

推荐的螺杆速度   用于分析的模型

模具组合整体结构

分子定向   困气

（d）

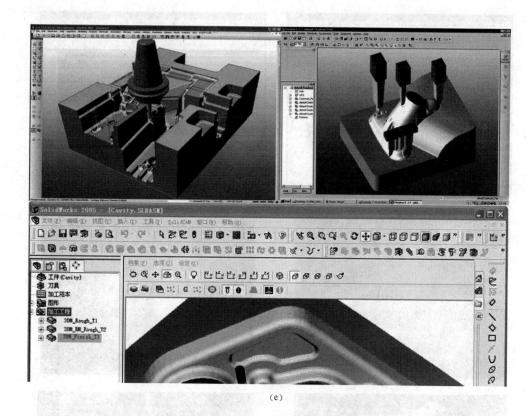

(e)

图 5.1.1　模具 CAD/CAE/ CAM 的应用

(a) 模具 CAD——产品二维图、三维模型；(b) 模具 CAD——模具二维图、三维模型
(c) 模具 CAE——模流分析；(d) 模具 CAE 与 CAD 的结合；(e) 模具 CAM——模具仿真加工。

　　目前，国际著名商品化三维 CAD/CAM 系统，如美国的 Pro/E、UG－II、CADD5、Solidworks、MDT、以色列 Cimatron 公司的 Quick 等均陆续在模具界得到应用。CAE 商品化软件中应用最广泛的当数美国 Moldflow 公司的模拟软件 MF。图 5.1.2 (a) 所示为在 UG-II 软件辅助下摩托艇艇身的模具设计与制造实例，图 5.1.2 (b) 所示为模压成型的摩托艇艇身实物。

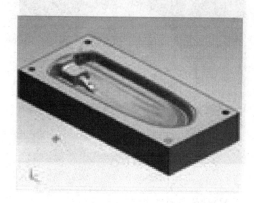
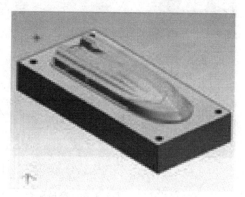

(a)

(b)

图 5.1.2 摩托艇艇身模具 CAD 设计与制造实例

（a）摩托艇艇身模具 CAD 设计与制造实例；（b）艇身模压实物。

CAD/CAM 技术是一个发展着的概念,它不但可以实现计算机辅助生产的各个分过程或若干过程的集合,而且有可能把全部生产过程集中在一起。当前,正在研究中的计算机集成制造系统(Computer Integrated Manufacturing System,CIMS)是将整个车间或工厂作为一个系统,用计算机对产品从初始构思和设计直至最终装配和检验的全过程实现管理和控制。CIMS 的目标是实现全盘自动化,只要对系统输入产品的有关信息和原材料,就可以输出经检验合格的产品。CIMS 是当今世界上领先的前沿课题,要在模具生产中真正实现 CIMS,可能还需要较长的一段时间和巨额投入。

5.2 先进的模具制造技术

模具制造技术现代化是模具工业发展的基础。随着科学技术的发展,计算机技术、信息技术、自动化技术等先进技术正不断向传统制造技术渗透、交叉、融合,对其实施改造,形成先进制造技术。模具先进制造技术的发展主要体现在如下方面。

1. 高速铣削加工

普通铣削加工采用低的进给速度和大的切削参数,而高速铣削加工则采用高的进给速度和小的切削参数。高速铣削加工相对于普通铣削加工,具有如下特点。

(1) 高效。高速铣削的主轴转速一般为 15000r/min～40000r/min,最高可达 100000r/min。在切削钢时,其切削速度约为 400m/min,比传统的铣削加工高 5 倍～10 倍;在加工模具型腔时与传统的加工方法(传统铣削、电火花成形加工等)相比其效率提高 4 倍～5 倍。

(2) 高精度。高速铣削加工精度一般为 $10\mu m$,有的精度还要高。

(3) 高的表面质量。由于高速铣削时工件温升小(约为 3℃),故表面没有变质层及微裂纹,热变形也小。最好的表面粗糙度 Ra 小于 $1\mu m$,减少了后续磨削及抛光工作量。

(4) 可加工高硬材料。可铣削 50HRC～54HRC 的钢材,铣削的最高硬度可达 60HRC。

在某注塑模的高速铣削中,材料硬度为 56HRC～58HRC,原来采用电火花加工(EDM),每个零件需时 90min,采用直径为 12mm 球头铣刀,主轴转速 1500r/min、工作台进给 1500r/min 进行高速加工,加工每个零件只需 5min,工效提高了 18 倍。

鉴于高速铣削加工具备上述优点,所以高速铣削加工在模具制造中正得到广泛应用,并逐步替代部分磨削加工和电加工。高速成切削加工在发达国家的模具制造业中已经处于主流地位,据统计,目前有 85% 左右的模具电火花加工工序已被高速加工所取代。但是,由于高速切削的一次性设备投资比较大,而且对一些尖角、窄槽、深小孔和过于复杂的型腔表面的精密加工存在加工盲点,在国内,高速成切削与电火花加工还会在较长时间内并存。

高速铣削及其加工的模具零件如图 5.2.1 所示。

2. 电火花铣削加工

电火花铣削加工(又称为电火花创成加工)是电火花加工技术的重大发展,这是一种替代传统用成型电极加工模具型腔的新技术。像数控铣削加工一样,电火花铣削加工

图 5.2.1　高速铣削及其加工的模具零件

采用高速旋转的杆状电极对工件进行二维或三维轮廓加工，无需制造复杂、昂贵的成型电极，具有生产周期短、加工费用低、加工柔性高等优点。目前，国外已有多家公司生产出具有铣削功能的电火花成品机床，如日本三菱公司最近推出的 EDSCAN8E 电火花创成加工机床，配置有电极损耗自动补偿系统、CAD/CAM 集成系统、在线自动测量系统和动态仿真系统，体现了当今电火花创成加工机床的水平。而国内这方面的研究尚处于起步阶段。

3. 慢走丝线切割技术

目前，数控慢走丝线切割技术发展水平已相当高，功能相当完善，自动化程度已达到无人看管运行的程度。最大切割速度已达 $300mm^2/min$，加工精度可达到 $\pm1.5\mu m$，加工表面粗糙度 $Ra0.1\mu m \sim 0.2\mu m$。直径 0.03mm～0.1mm 细丝线切割技术的开发，可实现凹凸模的一次切割完成，并可进行 0.04mm 的窄槽及半径 0.02mm 内圆角的切割加工。锥度切割技术已能进行 30°以上锥度的精密加工。图 5.2.2 所示为深圳市东方线切割设备有限公司生产的精密数控线切割机床，线切割加工锥度 60°甚至 90°，加工厚度可达 350mm～800mm。

4. 磨削及抛光加工技术

磨削及抛光加工技术是模具表面工程中的重要组成部分，是模具制造过程中后处理的重要工艺，模具经过磨削及抛光加工后精度高、表面质量好、表面粗糙度值低，因此在精密模具加工中广泛应用。目前，精密模具制造广泛使用数控成形磨床、数控光学曲线磨床、数控连续轨迹座标磨床及自动抛光机等先进设备和技术。国内模具抛光至 $Ra0.05\mu m$ 的抛光设备、磨具磨料及工艺，可以基本满足需要，而要抛至 $Ra0.025\mu m$ 的镜面抛光设备、磨具磨料及工艺尚处摸索阶段。随着镜面注塑模具在生产中的大规模应用，模具抛光技术就成为模具生产的关键问题。由于国内抛光工艺技术及材料等方面还存在一定问题，所以如傻瓜相机镜头注塑模、CD、VCD 光盘及工具透明度要求高的注塑模仍有很大一部分依赖进口。

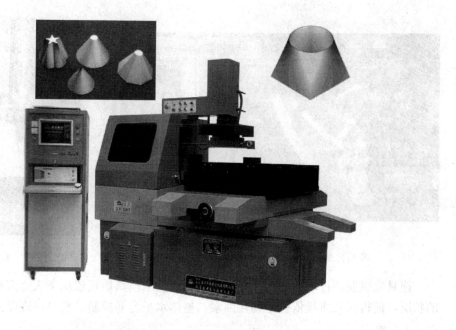

图 5.2.2　可切割大锥度的线切割机床

5. 数控测量技术

随着模具制造业的发展，模具测量技术的发展也相形相随。不同的测量技术和不同的测量设备根据模具制造的不同特点应运而生。从模具设计初期所涉及到的数字化测绘，到模具加工工序测量、修模测量，到模具验收测量和后期的模具修复测量；从电子类小尺寸模具到汽车类中大型模具和航天、航空行业的大型模具测量，高精密测量设备无处不在。迄今为止，模具质量检测用到的测量设备不仅包括了经典的固定式高精密三坐标测量机，同时，因为模具制造的特点，各种适合现场在线应用的测量设备，如便携式关节臂测量机、高效白光测量机（图 5.2.3）、大尺寸激光跟踪仪等测量设备也纷纷登场，并通过接触、非接触式测量，影像与激光扫描以及照相测量等探测技术满足模具产品的检测需求。下面主要介绍目前应用较为广泛的三坐标数控测量。

产品结构的复杂，必然导致模具零件形状的复杂。传统的几何检测手段已无法适应模具的生产。现代模具制造已广泛使用三坐标数控测量机进行模具零件的几何量的测量，模具加工过程的检测手段也取得了很大进展。如图 5.2.4 所示，三坐标数控测量机除了能高精度地测量复杂曲面的数据外，其良好的温度补偿装置、可靠的抗振保护能力、严密的除尘措施以及简便的操作步骤，使得现场自动化检测成为可能。

在加工时，三坐标测量机不仅可作为一种最终检验模具品质的工具，也可作为一种对加工过程进行检测的工具，即在加工过程中对各道工序加工后进行中途检验，如对加工后模具的主要型腔面进行检验。特别是在抛光之前应对加工面作全面的检验，以便确定如何更精确地达到加工面所需的几何形状。在对模具进行检验时，需以较密的流线通过零件的各处。每一副模具需检验两次，一次在冲压加工之前，另一次在冲压加工以后。应用理论计算厚度对上、下模型腔的对合状况进行测量，以掌握实现 CAD 设计数据精度的实际状况。

图 5.2.3　高效白光测量机（在线测量）　　　　图 5.2.4　三坐标测量机

模具先进制造技术的应用改变了传统制模技术模具质量依赖于人为因素、不易控制的状况，使得模具质量依赖于物化因素，整体水平容易控制，模具再现能力强。

5.3　模具新材料

随着产品质量的提高，对模具质量和寿命做要求越来越高。而提高模具质量和寿命最有效的办法就是开发和应用模具新材料及热、表处理新工艺，不断提高使用性能，改善加工性能。

1. 模具新材料

冲压模具使用的材料属于冷作模具钢，是应用量大、使用面广、种类最多的模具钢，主要性能要求为强度、韧性、耐磨性。目前，冷作模具钢的发展趋势是在高合金钢D2（相当于我国Cr12MoV）性能基础上，分为两种：一种是降低含碳量和合金元素量，提高钢中碳化物分布均匀度，突出提高模具的韧性，如美国钒合金钢公司的8CrMo2V2Si、日本大同特殊钢公司的DC53（Cr8Mo2SiV）等；另一种是以提高耐磨性为主要目的，以适应高速、自动化、大批量生产而开发的粉末高速钢，如德国的320CrVMo13.5等。

我国过去无专用塑料模具用钢，近年来在引进国外塑料模具用钢的同时，自行研制和开发了一些新的塑料模具专用钢，如一些含硫、易切削预硬塑料模具钢，如8Cr2S。据统计，我国塑料模具用钢量占全部模具用钢量的50%以上。国内外新型塑料模具钢的发展趋势主要有以下几个方面。

（1）主要发展方向是易切削、抛光性好。国外易切削预硬钢主要是S系，也有S-Se系、Ca系，但Se价格较贵。这类钢的杂质少、组织均匀、无纤维方向性，制模后，型面的表面质量高，如美国的412、M-300，日本的YAG，英国的EAB，瑞典的STAVAX-13等。

值得注意的是，模具表面抛光不单受抛光设备和工艺技术的影响，还受模具材料镜面度的影响，这一点还没有引起足够的重视，也就是说，抛光本身受模具材料的制约。

例如，用 45 碳素钢做注塑模时，抛光至 $Ra0.2\mu m$ 时，肉眼可见明显的缺陷，继续抛下去只能增加光亮度，而粗糙度已无望改善，故目前国内在镜面模具生产中往往采用进口模具材料，如瑞典的一胜百 136、日本大同的 PD555 等都能获得满意的镜面度。

（2）预硬化型塑料模具钢。美国 P20（即 3Cr2Mo）是国外使用最广泛的预硬塑料模具钢，已列入我国合金工具钢标准，20 世纪 80 年代以来已在我国一些工厂广泛采用。该类钢应用较广，以预硬化处理后的钢块供货，硬度达 23HR～48HR，型腔加工后不再处理，无变形，可缩短模具制造周期。此类材料还有美国的 445、日本的 PDS、德国的 MOVTREX-A（2312）等。

（3）时效硬化型塑料模具钢。一般碳含量较低，钢中加入 Ni、Al、Ti、Cu、Mo 等元素，模具坯料先经固溶后，在低硬度下进行加工，成型后进行时效处理，由于金属间化合物的析出，使模具硬度提高到 40HRC～50HRC，以满足使用要求。适宜于制造形状复杂、精度高、超镜面、大型塑料模具。

（4）整体淬硬型塑料模具钢。国外一般都是借用高耐磨性冷作模具钢和热作模具钢，如美国的 A2（Cr5Mo1V）钢、D3（Cr12）钢和 D2（Cr12Mo1V1）钢等冷作模具钢和 H13（4Cr5MoSiV1）钢等热作模具钢。

（5）耐腐蚀塑料模具钢。有些塑料制品，如聚氯乙烯、氟化塑料、阻燃塑料等压制过程中对模具具有腐蚀作用，一般采用马氏体不锈钢和沉淀硬化型不锈钢。代表性的钢号有国际标准 ISO 中的 110CrMo17、瑞典的 ASSAB 公司的 STAVAX（4Cr13）等。

（6）无磁性塑料模具钢。电子工业中的部分磁性元件需用无磁性的模具生产，为此，国外发展了一些无磁性塑料钢，将奥氏体型模具钢通过时效硬化处理得到要求的硬度、强度和低的导磁率。代表性的钢号有日本大同特殊钢公司的 NAK301 和日本日立金属公司的 HPM75 钢等。国内开发的无磁模具钢有 18Mn12Crl8NiN（代号 A18）、8Mn15Cr18（代号 WCG）、50Mn18Cr4WN（简称 50Mn）等。其中，50Mn 具有低磁导率（$\mu < 1.1H/m$）、较高强度和良好的加工性能，经 1020℃～1070℃（水冷）固溶处理后，硬度达 30HRC 左右，再经过 590℃±10℃时效，硬度上升至 35HRC 左右。

表 5.3.1 列出了部分新型模具钢及其特点、应用。新型模具钢具有较高的韧性、冲击韧度和断裂韧度，其高温强度、任稳定性及热疲劳性都较好，可提高模具的寿命。

表 5.3.1　新型模具钢列表

钢 号	特点及应用
3Cr3M02V（HMl）	高温强度、热稳定性及热疲劳性都较好，用于高速、高载、水冷条件下工作的模具，提高模具寿命
5Cr4M03SiMnVAl（CG2）	冲击韧度高，高温强度及热稳定性好，适用于高温、大载荷下工作的模具，提高模具寿命
6Cr4M03Ni2WV（CG2）	高温强度、热稳定性好，适用于小型热作模具，提高模具寿命
65Cr4W3M02VNb（65Nb）	高强韧性，是冷热作模具钢，提高模具寿命
6W8Cr4VTi（LMl） 6Cr5M03W2VSiTi（LM2）	高强韧性，冲击韧度和断裂韧度高，在抗压强度与 W18Cr4V 钢相同时，高于 W18Cr4V 钢。用于工作在高压力、大冲击下的冷作模具，提高模具寿命
7Cr7M03V2Si（LD）	高强韧性，用于大载荷下的冷作模具，提高模具寿命

钢 号	特 点 及 应 用
7CrSiMnMoV（CH-1）	韧性好，淬透性高，可用于火焰淬火，热处理变形小，适用于低强度冷作模具零件
8Cr2MnWMoVSi（8Cr2S）	预硬化钢，易切削，提高塑料模寿命
Y55CrNiMnMoV（SM1）	预硬化钢，用于有镜面要求的热塑性塑料注射模
Y20CrNi3A1MnMo（SM2） 5CrNiMnMoVSCa（5NiSCa）	用于形状复杂、精度要求高、产量大的热塑性塑料注射模
4Cr5M02MnVSi（Y10） 3Cr3M03VNb（HM3）	用于压铸铝镁合金
4Cr3M02MnVNbB（Y4）	用于压铸铜合金
120Cr4W2MoV	用于要求长寿命的冲裁模

2. 热处理、表处理新工艺

为了提高热处理质量，做到硬度合理、均匀、无氧化、无脱碳、消除微裂纹，避免模具的偶然失效，进一步挖掘材料的潜力，从而提高模具的正常使用寿命，可采用一些新的热、表处理工艺，例如：

（1）组织预处理：在模具淬火之前，对模具材料进行均匀化处理，以便在淬火后得到细针状马氏体＋碳化物＋残留奥氏体的显微组织，从而使材料的抗压强度和断裂韧性大大提高。

（2）真空热处理：借助于发热元件的辐射进行，加热均匀，而且零件无脱碳，变形小，能提高模具寿命。

（3）冰冷处理：淬火后冷却到常温以下的处理方法，这是很有实用价值的一种处理方法，可使精密零件尺寸稳定，避免相当多的残余奥氏体因不稳定而转变为马氏体。

（4）高温淬火＋高温回火：高温淬火可使中碳低合金钢获得更多的板条马氏体，从而提高模具的强韧性；对于高合金钢，可使更多的合金元素溶入奥氏体，提高淬火组织的抗回火能力和热稳定性。高温回火又可得到回火索氏体组织，使韧性提高，从而提高模具寿命。

（5）贝氏体等温淬火：贝氏体或贝氏体加少量回火马氏体具有较高的强度、韧性等综合性能，热处理变形较小，对要求高强度、高韧性、高速性的冷冲模和冷挤模，可获得较高的寿命。

（6）表面处理新技术。除人们熟悉的镀硬铬、氮化等表面硬化处理方法外，近年来模具表面性能强化技术发展很快，实际应用效果很好。其中，CVD、PVD 以及盐浴渗金属（TD）的方法是几种发展较快、应用最广的表面涂覆硬化处理的新技术。它们对提高模具寿命和减少模具昂贵材料的消耗，有着十分重要的意义。

5.4 先进的模具生产管理模式

现代模具生产管理包括模具设计与制造工艺的全面质量管理、成组技术、即时生

120

产、看板管理、企业资源规划。

5.4.1 模具制造的全面质量管理

1. 全面质量管理的实质和目的

全面质量管理即是企业全员参与并在实施质量管理的全过程中,运用一切有效方法,全面控制每一个质量因素和每个质量环节。其目的是使模具的质量和使用性能以及售后服务质量均达到标准并满足合同的要求,从而使用户称心如意,以求赢得用户的最大信任,建立企业产品的口碑;同时,全面降低以至杜绝劣质产品的产生和造成的损耗,从而全面提高企业声誉和经济效益。

2. 全面质量管理的要求

(1) 全面树立并贯彻模具的精度概念,即质量就是企业的生命的意识。在此基础上建立完善的质量控制与质量保证体制,即以人为本、以制造工艺创新为基础的人力资源开发与管理体制。

(2) 将产品质量的优劣、企业效益的好坏与每个员工的生活质量好坏统一起来,即实现全员的(职)责、权(限)、利(报酬)岗位责任制,并以制度和量化的数据作依据进行全员考核。只有在每个员工把企业视为自己的企业,从而成为企业真正的主人之时,企业才具有生命力,也才有希望。

(3) 在质量管理的全过程中,贯彻预防为主(防患于未然);防、检结合,发现问题立即改进且不断改进的方针。以此建立良好的信誉,赢得用户之信任。

(4) 贯彻科学分析,实事求是,以数据为依据,把质量管理建立在科学的基础上,以求质量控制的最佳效果。

5.4.2 质量论证和质量论证体系

1. 质量论证

质量论证是根据产品标准和相应的技术要求,比如"塑料注射模技术条件"GB/T 12554—90 经论证机构进行检测确认并颁发论证证书和论证标志来证明该商品模具符合上述模具技术条件的全过程。产品质量论证包括合格论证和安全论证两种。根据标准中的性能要求,进行的论证为合格论证;而根据标准中的安全要求进行的论证为安全论证,前者是自愿的,而后者是强制的。

2. ISO·9000 国际质量论证体系

ISO 9000 系列质量标准包括下述 6 个标推。

(1) ISO 8402 质量名词术语。

(2) ISO 9000 质量管理和质量保证标准选择和使用指南。

(3) ISO 9001 质量体系——设计/开发、生产、安装和服务的质量保证模式。

(4) ISO 9002 质量体系——生产、安装和服务的质量保证模式。

(5) ISO 9003 质虽体系——最终检验和试验的质量保证模式。

(6) ISO 9004 质量管理和质量体系要素指南。

ISO 9000 系列质量标准是国际标准化组织于 1987 年颁布的。其目的是最终导致质量管理和质量保证的国际化,使供应方能够以最低造价确保长期、稳定地生产出质量好的产品，使需求方建立起对供应方的信任。ISO 9000 标准的实施要求企业建立一套全面、完整、详尽而严格的有关质量管理和质量保障的规章制度和质量保证文件。这些规章制度和文件，要求企业从组织机构，人员管理和培训、产品生命周期质量控制活动都必须适应质量管理的需要。

ISO 9000 是一种指导性标准。它阐明了标准的基本概念、原则和方法。ISO 9001、ISO 9002 和 ISO 9003 三个标准，各自适用于不同范围；而 ISO 9004 则是基础性标推。ISO 9000 指导并提供健全保证体系的基本要素。

我国 1988 年正式发布等效采用 ISO 9000 系列标准。现行的国家标准代号为 GB/T 19000 标准。

5.4.3 成组技术

成组技术即是将类似的问题分类编组以寻求解决这一组问题相对统一的最佳方案，以求得到所期望的最佳经济效益。

在企业模具的现代生产中，将各种模具和零、部件，按其结构和生产特点的相似性分类编组，并以此为基础组织生产，从而实现产品设计、生产和管理的合理和高效。由此可知，成组技术是建立在"相似性原则"基础之上的，采用特征相似进行编组，采用同一方法解决从而达到节约时间、人力、物力以求提高效率的目的，简化了管理。

图 5.4.1 是成组技术与信息技术的关系。成组技术是产品开发制造与经营管理优化方法之一，但必须与信息技术结合，贯注到 CAD/CAPP/ERP 系统中才能顺利实施，发挥效益。

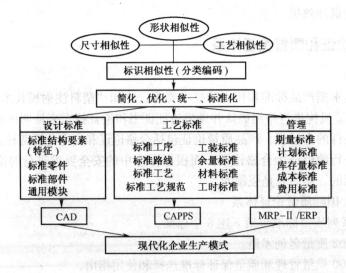

图 5.4.1　成组技术与信息技术的关系

5.4.4 看板管理

看板管理，即把模具生产制造中希望管理的项目、潜在的问题或需要做的工作写在一个显示板上表示，广而告知，使问题和工作明朗，利于采取措施及时解决。看板是可视化管理是重要的手段，看板管理的实质是：①揭示问题和矛盾。不是掩盖、回避、推委、扯皮，而是迎着问题上，知难而进的进取精神的体现。②警示作用。防止报喜不报忧，好大喜功，自欺欺人；弘扬实事求是，勇于承担责任的精神。

看板种类有各式各样，有板示、广告式、灯示、标志显示、色彩显示、声音警示等，如图 5.4.2 所示。

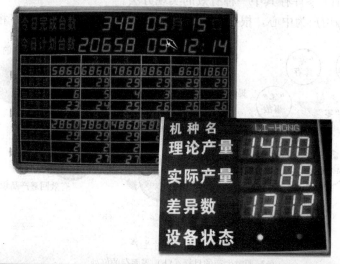

图 5.4.2　模具车间常见看板

5.4.5 即时生产

即时生产，即 JIT（Just In Time）方式，指只在需要的时候，按所需的质与量以最快的市场响应速度生产所需产品，即适品、适量、适时，这也是精益生产（Lean Manufacturing）方式的核心思想。此方法是日本丰田公司在 1953 年提出的"车间看板"管理系统上发展起来的。

JIT 不仅是一种管理的哲学理念，而且是一种先进的生产组织方式。它一环扣一环，不允许任何一个环节挡道。零库存（即无库存）和零缺陷（即无缺陷）是 JIT 追求的目标，如图 5.4.3 所示。JIT 认为，库存将许多矛盾掩盖起来，使诸多问题不易被发现而不能及时解决。JIT 是一种倒逆式管理即从订单→成品→组件→配件→零件→原材料→供应商的过程。整个生产是动态的，是逐个向前逼近的。上一工序提供的恰好是下一工序所需的，且时间和数量上都是正好——不早不晚，不多不少。JIT 系统要求企业的供、产、销紧密配合，大大降低库存，降低积压，降低成本，提高了生产效率和效益。看板管理是 JIT 零库存其中一种有效的实现方法。

JIT 是以市场用户为中心，根据市场需求组织生产，与传统方式正好相反。

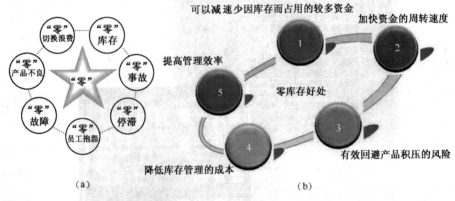

图 5.4.3　即时生产
(a) 即时生产的目标；(b) 零库存的好处。

5.4.6　模具管理

模具经试模、验收合格、投产后，有的可能常年生产，不下机，而有的模具则往往处于断续生产状态，属于断性生产。因此在全年生产中，处于非生产状态期间的模具需要存放，并在在存放期间得到妥善管理和保养，以保持模具原有的良好状态，避免因保管不善造成锈蚀甚至意外损伤。

模具管理包括以下管理内容。

(1) 模具档案管理。

(2) 模具台账管理。

(3) 模具生产现场管理。

(4) 模具库房管理。

(5) 模具的保养、维修和更新。

属于塑料制品的模具由塑料制品车间的专职工艺员或工艺设备管理员管理；冷冲模具则由冷冲制品车间的工艺员或工艺设备管理员进行专职管理。

1. 模具档案管理（档案管理的作用、内容和管理的归属）

1) 模具档案的作用

模具档案是模具从设计始至试模和投产使用、维护修理、更新改进直至报废为止全过程的详尽记录，是企业的重要技术资源，也是企业开展工艺装备更新和工艺技术创新所不可缺少的重要依据。模具档案的建立和健全，可随时向决策者提供模具使用状况、维护修理、备件、易损件、配件的使用和库存情况以及进行更新换代的决策依据，同时对模具设计者和制造企业提供所需的数据和参考依据，以便进行改进和创新。

2) 模具档案的内容

模具档案应具备下述内容。

（1）模具名称、型腔数、模具总装图、产品图及其相关要求和技术说明（试模或原样品、材料及收缩率，装配要求等相关资料，模具体积：长×宽×高）。

（2）试模记录：试模日期、所用设备、试模状况说明、试模样品鉴定、结论（附样品检测报告）。

（3）验收记录。

（4）模具进厂记录：进厂日期，制造厂名称、地址、邮编、联系电话、负责人。

（5）模具匹配机床型号、规格、名称、性能；定位环尺寸、喷嘴孔径和喷嘴球头尺寸 SR、顶出方式、顶出距、最大开模距、最小合模距、安装面积、最大成型压力和成形最大面积；锁模力、注射量等。

（6）吊运安装：模具总重量、吊环孔尺寸、数量、吊装方式。

（7）使用状态记录：小时产量、日产、月产、实际使用次数、每次使用天数和产量（成品件、废料件、废品百分比）、计划使用天数、计划生产产量。

（8）维修纪录：维修日期，维修部位、方法和损坏状态，维修后试模记录；故障产生原因分析、发生日期、处理方式和结果；事故当事者姓名、主要维修者姓名以及使用中应注意事项。

（9）备注：随模具的备件、配件、易损件名称、数量；现有备件、配件、易损件数量、易损件图纸、替补更换件投产计划；模具外购件生产厂家、地址、电话、邮编、联系人；外购件供货周期、价格。

3) 模具档案的管理

模具和模具档案应有专职的技术人员进行管理并及时收集、整理上述档案内容所包括的相关资料和数具，使档案内容的资料、数据准确、完整有序，整齐规范。

2. 模具台账管理

（1）模具台账是企业模具的总花名册，也是企业模具资产的总账目清单，是模具管理的重要文档之一，当由模具专职管理人员进行管理或由模具库房的专职管理人员进行管理。

模具台账应具有以下内容：模具名称、编号、进厂日期、价格、制造单位、模具体积（长×宽×高）、库房内具体位置、架柜编号、模具状态标志（在生产/待生产：绿色；故障（在修/待修）：黄色；损坏（需大修）：红色；报废：黑色×）。模具台账必须与模具实物相符，与模具库存放架的标牌相符，与模具状态揭示牌所显示的状态相符。

（2）模具状态揭示牌。模具状态揭示牌悬挂于制品生产车间醒目的地上或悬挂于库房醒目的墙上，用以显示每副模具的实际状态。揭示牌内容包括模具名称、编号、所在位置（在生产者显示机床号；在库房则显示库房所在的架、柜编号及位置；在修、待修则显示所在修理的钳工编号）、状态（良好的以绿色标志表示；故障（需进行小修或中修）以黄色标志表示；损坏（需大修）以红色表示）。报废模具，揭示牌除名不显示。

3. 模具生产现场管理

现场管理就是指用科学的管理制度、标准和方法对生产现场各生产要素，包括人（工人和管理人员）、机（设备、工具、工位器具）、料（原材料）、法（加工、检测方法）、环（环境）、信（信息）等进行合理有效的计划、组织、协调、控制和检测，使其处于良好的结合状态，达到优质、高效、低耗、均衡、安全、文明生产的目的。现场管理是生产第一线的综合管理，是生产管理的重要内容，也是生产系统合理布置的补充和深入。

模具生产属于面向资源的工程订单型单件生产模式，完全按照客户订单组织生产，由于订单的随机性和生产经验依赖性，导致模具生产过程难以得到有效的控制。模具车间现场管理是模具生产的一个重要环节。

"6S管理"由日本企业的5S扩展而来，是现代工厂行之有效的现场管理理念和方法，其具体内容为整理（SEIRI）、整顿（SEITON）、清扫（SEISO）、安全（SECURI-TY）、清洁（SEIKETSU）、素养（SHITSUKE），如图5.4.4所示。因其日语的罗马拼音均以"S"开头，因此简称"6S"。其作用是：提高效率，保证质量，使工作环境整洁有序，预防为主，保证安全。6S的本质是一种执行力的企业文化，强调纪律性的文化，不怕困难，想到做到，做到做好，作为基础性的6S工作落实，能为其他管理活动提供优质的管理平台。6S是现场管理的基础，是全面生产管理的前提，是全面品质

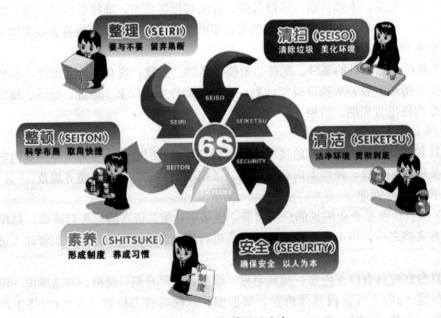

图 5.4.4　6S管理的内容

126

管理的第一步，也是 ISO 9000 有效推行的保证。开展 6S 容易，但长时间的维持必须靠素养的提升。

4. 模具库的管理

1) 模具库的基本要求

模具库要有充分的采光或足够的照明；应干燥并有通风设备；地面应平整，库房应清洁；库房应有起重吊运装置，使每付需吊运的模具均能方便的吊离库房，运至生产机床处或修理处；中小模具可设架柜存放，大模具可直接垫以平整同高的木方，平放于地面，如图 5.4.5 所示。

(a)

(b)

图 5.4.5 模具库
(a) 大型模具库；(b) 小型模具库。

2) 模具入库要求

(1) 新模具凭模具验收合格单入库，同时应具有试模的合格样品和样品检验合格证和合格记录。

(2) 模具入库应登记入台账，置于同类产品模具的适宜位置，分类存放。立标牌，挂样品。暂时不生产的模具应以塑料薄膜包封，防止受潮锈蚀。

(3) 模具入库前，模具专职管理员应在试模后对模具进行检查，确定完好无损后，要进行彻底清理，做到型腔、型芯各成型面清洁无残料、飞边和杂质，合模相（即分型面）洁净无划伤、无杂质；导柱、导套洁净无杂质，然后喷涂防锈润滑油。检查各紧固螺钉应牢固无松动；浇道各部位无残料，冷却水道内无残存水；油管内无残存油；推杆、复位杆、定距拉板等，回复到合模位置之后，才能合模入库。

3) 模具的放置要求

(1) 模具的所有附件应与模具主体放在一起。小件物品应装箱，箱上有标签注明所属模具、编号、件数等。

(2) 中小模具可放置于柜和架上。小模具放上层，大模具放下层。柜、架应平稳、干净。

(3) 分类存放。同一类配套制品的模具放在同一区域内，便于识别，避免混乱。

(4) 大模具可放在地面上，但应垫以结实、平整、同高的洁净木方，地面应平整、干净，无凸起、凹坑和水渍、油渍。

（5）模具之间保持一定间距，以便吊运，避免吊运中因过于拥挤而相互产生碰撞损伤模具。

（6）库房保持一定宽度的通道，直通各柜架和模具。模具库的主通道宽不小于1.6m～2m（比最大模具宽0.2m），各分通道宽0.8m～1.2m。大模具一般置于主通道两侧。柜、架、模具应摆放整齐，横、纵一条线，忌杂乱。

4）模具库的管理要求

（1）模具库要整洁、通风、防潮，南方雨季应安置除潮机防潮。模具库忌水、忌杂乱、忌脏。

（2）模具台账内容完整，登记清楚，有条不紊，账、卡、物、揭示牌相符。

（3）包装模具的防潮塑料薄膜无破损，模具无裸露，无尘。

（4）柜垫、架垫应牢固无损，安全可靠，模具安放平稳可靠。

（5）门窗完好无损，不漏雨，尘、杂质不能侵入。

（6）模具分类存放，不杂乱，井然有序，识别标志清晰醒目，易于查找。

思考与练习

1. 国内模具企业目前常用的模具设计与制造辅助软件有哪些？应用这些辅助软件后的模具设计与制造流程是怎样的？

2. 你所了解的先进模具制造技术有哪些？有什么特点？

3. 新型模具材料及其热、表处理工艺的发展方向是什么？

4. 模具企业中常实行的5S/6S具体内容是什么？

5. 你参观的模具企业应用了哪些管理模式？效果如何？

模块6 模具技术应用性人才培养方案

【学习目标】

了解高职院校模具专业培养目标与规格，了解本专业就业面向的职业岗位及其相应具备的所需的知识、能力和职业素养，了解本专业的课程体系，制定自己的学习计划与职业规划。

【学习要求】

与本专业在校的高年级学生及毕业生座谈、交流，探讨本专业学习和训练的要点与方法，以便为自己制定个性化的学习计划和职业规划。

6.1 培养目标与规格

对模具设计与制造专业的学生入学要求为高中毕业或具有同等学力（历），基本修业年限3年，弹性学制可延长2年。

6.1.1 培养目标

培养适应现代化生产和管理第一线需要的，德、智、体、美全面发展，掌握模具设计与制造专业必备的基础理论和专门知识，有创新意识，具备较强的专业技能和工作能力，能使用计算机及CAD/CAM软件工具，运用模具技术和相关工程技术，从事成形工艺与模具设计、模具制造工艺编制、现代模具制造设备操作和模具项目生产组织与管理工作的专科学历层次的高等技术应用性人才。

6.1.2 人才培养规格

（1）热爱祖国，树立正确的世界观和人生观，受过初步的国防教育和军事训练，遵纪守法，具有良好的思想道德素质。

（2）养成诚信、敬业、科学、严谨的工作态度和较强的法律法规、安全、质量、效率、保密及环保意识，具有良好的职业道德素质。

（3）具有一定的人文社会科学知识，掌握必备的工程技术基本知识、模具专业知识及相关知识，具有良好的文化素质。

（4）了解体育运动和卫生保健的基本知识，掌握科学锻炼身体的基本技能，达到国家规定的大学生体育锻炼标准，身心健康，具有良好的身心素质。

（5）通过英语相应水平考试，具备一定的英语交流能力。

（6）通过计算机相应水平考试，具备一定的计算机应用能力。

（7）通过数控铣（加工中心）/电加工/钳工等工种的中级及以上职业资格水平考试，具备一定的实践动手能力。

（8）具备中等偏复杂冲压模具设计与制造的工作能力。

（9）具备中等偏复杂塑料模具设计与制造的工作能力。

（10）具有一定的模具生产组织管理能力。

（11）具有一定的自学能力、工具应用（如资料检索等）能力、技术文件写作表达能力、沟通与团队协作能力等方法能力与社会能力，具备较强的工作能力与可持续发展能力。

6.2 就业面向与职业规格

模具设计与制造专业就业面向的职业岗位见表 6.2.1。

表 6.2.1 模具设计与制造专业就业面向的职业岗位

序号	就业面向的职业岗位	技能证书/职业资格证书	备注
1	*模具设计员——从事模具设计	CAD/CAM 软件水平应用证书	选考
2	*模具工艺员——从事模具制造工艺编制		
3	生产计划调度员——从事模具生产管理与计划调度		
4	*数控机床操作工——从事模具加工中数控设备的操作与编程	数控铣（加工中心）/电加工中级及以上职业资格证书	必考其一
5	*模具装配调试工——从事模具装配调试操作工作	工具钳工中级及以上职业资格证书	
6	项目经理——从事模具项目管理		
7	*产品成形工艺员——从事产品成形工艺编制和品质管理		

注：*——第一岗位、核心岗位

6.3 职业岗位（群）能力分析

依托行业，以行业技术专家和企业能工巧匠为主体，采用"头脑风暴"法，分析企业生产经营活动，论证人才培养目标与业务规格，明确就业面向岗位（群）；分析岗位工作任务、工作中的要素和工作所需的知识—技能—态度，形成职业岗位（群）工作分析表，见表 6.3.1。

表 6.3.1 模具设计与制造专业岗位（群）工作分析表

工作岗位	主要职责	具体任务	工作流程	工作对象	工作方法	使用工具	劳动组织方式	与其他任务的关系	所需的知识、能力和职业素养
1. 模具设计（设计员）（模具——冲压模具、塑料模具）	1. 根据成形产品图样或样品，结合企业生产条件，设计结构合理、安全可靠、易于制造、技术经济性好的模具	1. 诠解成形产品图样或样品的要求	理会成形产品图样→全面了解客户产品技术要求、工程与技术要求	●产品图样或模样型或产品其他技术文件	●根据客户产品要求，结合企业实际条件，形成判断信息	●计算机及相关软件 ●产品技术手册、工艺手册	●单独工作 ●两人及以上协作讨论	企业开展模具项目前期工作	知识：机械制图、建模、公差与技术测量、材料、成形工艺与模具设计、模具制造工艺、企业管理 能力：识图与制图能力、工艺设计能力、模具设计能力、专业软件应用能力、建模表达能力 职业素养：诚信、敬业、科学、严谨
		2. 论证产品成形工艺可行性	分析产品结构→分析产品尺寸与精度要求→分析产品材料及相关要求→形成评价意见，反馈信息	●产品图样或模样型 ●产品其他技术文件	●查阅手册，计算、比较、判断，形成结论	●计算机及相关软件 ●产品技术手册 ●有关工艺手册、设计手册 ●有关标准手册	●单独工作 ●两人及以上协作讨论	成形工艺与模具设计的前期工作	知识：机械制图、材料、成形设备、成形工艺与模具设计、模具制造工艺、企业管理 能力：识图与制图能力、资料检索能力、具体加工难易分析能力（工艺分析能力）、沟通表达能力 职业素养：诚信、敬业、科学、严谨
		3. 编制产品成形工艺	在工艺分析的基础上，进行工艺计算→制订工艺方案→编制产品成形工艺卡→进入工艺卡→审定程序，形成信息→客户确认，形成正式工艺文件	●产品图样或模样型 ●产品其他技术文件 ●企业条件列表 ●工艺卡片	●资料检索 ●工艺计算 ●辅助设计方法	●计算机及相关软件 ●产品技术手册 ●有关工艺手册、设计手册 ●有关标准手册	●单独工作 ●两人及以上讨论 ●多部门共同评审	模具设计的前期工作，应考虑模具实现可构的能性	知识：机械制图、建模、公差与技术测量、材料、成形设备、成形工艺与模具设计、模具制造工艺、企业管理 能力：识图与制图能力、资料检索能力、模具设计能力、专业软件应用能力、沟通表达能力 职业素养：诚信、敬业、科学、严谨

工作岗位	主要职责	具体任务	工作流程	工作对象	工作方法	使用工具	劳动组织方式	与其他任务的关系	所需的知识、能力和职业素养	
		4.设计模具	根据产品成形工艺要求，进行模具结构方案设计→设计方案内部评审→提交客户确认→模具零部件设计与标准件选用→进入审定程序、形成意见、反馈信息，形成正式图纸	●产品图样成型模型 ●产品其他技术文件 ●成形工艺文件 ●有关标准文件 ●企业条件列表 ●专业设计软件	●资料检索 ●设计计算 ●辅助设计方法 ●创新设计方法 ●成本分析	●计算机及相关软件 ●产品技术手册 ●材料手册 ●有关工艺手册、设计手册 ●有关标准手册	●单独工作 ●两人及以上讨论 ●多部门共同评审	本工作岗位的核心工作，模具制造的前端，应考虑模具制造可能性	知识	机械制图、材料、公差与热处理、机械原理与机械工艺与模具设计、成形设备、模具制造工艺、企业管理
									能力	识图与制图能力、工艺设计能力、资料检索能力、模具设计计算能力、专业软件应用能力、沟通表达能力
									职业素养	诚信、敬业、科学、严谨、安全、质量、环保
		5.试模后的分析与设计优化	参与试模→缺陷分析→模具改进调整方案制订、优化模具设计→审定修改后的方案	●安装工具 ●模具 ●成形设备 ●成形产品 ●工艺文件与模具图纸 ●检测工具	●执行工艺成形卡和成形设备操作规程 ●检验方法 ●成形质量综合分析判断	●产品技术手册 ●有关工艺手册 ●材料手册 ●有关标准手册 ●机床参数表	●多人多部门集体协作	模具项目终期工作，是对模工作的检验与评价	知识	机械制图、公差与技术测量、材料、热表处理、公差与技术测量、成形零件、成形工艺与模具设计、机械原理与机械工艺与模具设计、成形设备、模具制造工艺、企业管理
									能力	识图与制图能力、工艺设计能力、模具检修能力、资料检索能力、产品质量分析能力、设计优化能力、沟通表达能力
									职业素养	诚信、敬业、科学、严谨、安全、质量、环保

工作岗位	主要职责	具体任务	工作流程	工作对象	工作方法	使用工具	劳动组织方式	与其他任务的关系	所需的知识、能力和职业素养	
2. 模具制造工艺编制员（工艺员）（模具零件——成形工作零件）	1. 了解模具结构与工作原理，模具零部件功能与加工要求，结合企业实际生产条件，编制技术经济性好的工艺文件及加工程序；2. 指导现场生产，处理现场工艺问题，改进与优化工艺	1. 参与模具设计方案论证	分析模具结构合理性→结合企业情况，分析模具制造可行性和经济性	●产品图样或模型或样品 ●产品其他技术文件 ●企业条件列表	●根据客户产品要求，结合企业生产实际条件，形成判断信息	●计算机及相关软件 ●产品技术手册 ●有关工艺手册 ●有关标准手册	●多人 ●多部门集体协作	企业开展模具项目前期工作	知识	机械制图，建模，公差与技术测量，材料，热表处理，成形工艺与模具设计，机床设备，模具制造工艺，企业管理
									能力	识图与制图能力，测绘能力，工艺设计能力，基本模具设计能力，专业软件应用能力（建模能力），沟通表达能力
									职业素养	诚信，敬业，科学，严谨
		2. 编制制造工艺与加工工程序，并选择及设计二类工装（含刀具、装夹、电极等）	理会成形工艺与模具结构零件→分析加工工艺性→确定加工路线与加工方法→编制加工工艺卡及加工工程序→选择及设计二类工装，推广应用新工艺，优化工艺，提高加工效率→进入审定程序，形成意见，反馈信息，形成正式工艺文件	●模具零件图纸（模型）●有关标准文件，工艺文件 ●企业条件列表	●资料检索 ●工艺计算 ●设计计算 ●辅助设计方法 ●创新设计方法 ●成本分析	●计算机及相关软件 ●工艺手册 ●设计手册 ●工装手册 ●设计手册 ●有关标准手册	●单独工作 ●两人及以上讨论与会审	实施合理加工工操作的依据	知识	机械制图，建模，公差与技术测量，材料，热表处理，机床设备，工艺与模具设计，数控加工，特种加工，模具制造工艺，企业管理
									能力	识图与制图能力，测绘能力，工艺分析与设计能力，选择及设计二类工装应用能力，专业数控编程能力，软件应用能力，沟通表达能力
									职业素养	诚信，敬业，科学，严谨，安全，质量，环保

工作岗位	主要职责	具体任务	工作流程	工作对象	工作方法	使用工具	劳动组织方式	与其他任务的关系	所需的知识、能力和职业素养	
		3. 确定加工工时	理会加工工艺→掌握计算方法与依据，计算工时定额→审定	●模具零件图纸(模型) ●有关标准文件、工艺文件 ●工艺卡片	计算统计	●计算机及相关软件 ●工艺手册 ●企业管理规范(成本核算等)	●单独工作 ●两人及以上讨论与会审	成本与报酬计算依据之一	知识	机械制图、公差与技术测量、材料、热表处理、机床设备、数控加工、特种加工、模具制造工艺、企业管理
									能力	识图与制图能力、工艺分析与设计能力、计算工时定额能力、沟通表达能力
									职业素养	诚信、敬业、科学、严谨
		4. 处理现场生产工艺问题，改进与创新工艺	指导现场生产→处理工艺问题，制订工艺改进与优化方案，以提高加工质量，降低制造成本分析→审定与优化方案，更新工艺文件	●模具零件图纸(模型) ●模具零件 ●机床及辅具 ●工艺文件 ●测量工具	●检验质量 ●综合分析判断与解决 ●创新方法	●计算机及相关软件 ●有关工艺手册 ●资料检索工具	●单独工作 ●两人及以上讨论与会审	提升企业创新能力，促进企业进步的重要方式之一	知识	机械制图、公差与技术测量、材料、热表处理、机床设备、模具制造工艺、企业管理
									能力	识图与制图能力、工艺设计能力、技术测量能力、加工质量分析能力及工艺优化能力、沟通表达能力
									职业素养	诚信、敬业、科学、严谨、安全、质量、环保

工作岗位	主要职责	具体任务	工作流程	工作对象	工作方法	使用工具	劳动组织方式	与其他任务的关系	所需的知识、能力和职业素养	
3. 模具生产管理与计划调度（计划调度员）	1. 在了解模具结构与制造工艺要求的基础上，优化配置企业资源，根据企业能力和协作状况，制订、跟踪、协调、调整生产计划，保证生产任务完成。 2. 负责外协加工管理	1. 优化配置，制定生产计划	采集相关信息→分析各部门的生产能力→编制生产计划（内部加工、外部协作计划）→计划审定	●模具图纸 ●模具零件 ●工艺文件 ●企业条件列表 ●生产计划单	●优化配置	●计算机 ●办公软件 ●管理软件 ●企业管理规范	●单独工作 ●两人及以上协作	生产安排依据	知识	机械制图，公差与技术测量，材料，热表材料，成形工艺与模具设计，机床设备，模具制造工艺，企业管理，安全生产与环保
									能力	识图与制图能力，办公软件应用能力，生产计划与编制能力
									职业素养	诚信，敬业，科学，质量，安全，环保
		2. 跟踪、协调、调整、执行生产计划，生产数据统计	下达生产任务→跟踪、协调、调整生产计划执行情况→生产数据统计→统计结果审定	●模具图纸 ●模具零件 ●工艺文件 ●企业条件列表 ●生产调度单 ●生产数据统计表	●统筹协调 ●统计	●计算机 ●办公软件 ●管理软件 ●企业管理规范	●单独工作 ●两人及以上协作	计划执行，生产过程，成形成本计算依据之一	知识	机械制图，公差与技术测量，材料，热表材料，成形工艺与模具设计，机床设备，模具制造工艺，企业管理，安全生产与环保
									能力	识图与制图能力，办公软件应用能力，统计分析能力，组织协调能力，沟通表达能力
									职业素养	诚信，敬业，科学，质量，安全，环保
		3. 外协加工管理	审查外协单位的资质的管价或签定合同单→跟踪管理外协定单	●模具图纸 ●模具零件 ●工艺文件 ●协作企业条件列表 ●定单或合同	●成本分析计算 ●沟通协调	●计算机 ●办公软件 ●管理软件	●单独工作 ●两人及以上协作	企业外部社会资源利用	知识	机械制图，公差与技术测量，材料，热表材料，成形工艺与模具设计，机床设备，模具制造工艺，企业管理，安全生产与环保
									能力	识图与制图能力，办公软件应用能力，组织协调能力，外协加工管理能力，沟通表达能力
									职业素养	诚信，敬业，科学，质量，安全，环保

工作岗位	主要职责	具体任务	工作流程	工作对象	工作方法	使用工具	劳动组织方式	与其他任务的关系	所需的知识、能力和职业素养
4. 模具加工中数控设备的操作与编程（操作工）（数控设备：数控加工中心、数控铣/加工中心、CNC、数控线切割机、电火花成型机）	1. 在理解工艺要求的基础上，正确实施模具加工中数控设备的操作与编程，加工合格的模具零件 2. 负责数控设备的日常维护与保养	1. 理解工艺，进行生产准备	接受任务，理会工艺→合工艺，进行生产准备→反馈并沟通信息→生产准备：领料，准备工装（刀、夹、量，检查并调整机床状态等	●工作任务单 ●模具图纸 ●工艺文件 ●机床 ●原材料（毛坯）●相关刀、夹、量	●根据模具图纸和工艺文件，结合企业实际生产情况，经过分析判断形成加工实施方案	●计算机及相关软件 ●工艺手册 ●工装手册 ●机床设备技术资料 ●企业管理规范	●单独工作 ●两人及以上协作	机床操作准备工作	知识 机械制图、建模、材料、公差与技术测量、热表处理、工艺与模具设计、机床设备、数控加工、特种加工、模具制造工艺、企业管理、安全生产与环保 能力 识图能力、工艺理会能力、工装选用能力、资料检索能力、沟通能力 职业素养 诚信、敬业、科学、严谨、安全、质量、环保
		2. 确定零件装夹方式，选择刀具、量具及其他辅具，确定加工参数	选择并安装刀具→装夹找正→确定参数		●执行工艺规程 ●执行机床及相关工装的操作规程 ●执行企业其他规章制度（质量、安全、环保等）		●单独工作 ●两人及以上协作	机床加工操作过程中的第一步重要工作	知识 机械制图、建模、材料、公差与技术测量、热表处理、工艺与模具设计、机床设备、数控加工、特种加工、模具制造工艺、企业管理、安全生产与环保 能力 识图能力、工艺理会能力、工装选用能力、资料检索能力、检索能力 职业素养 诚信、敬业、科学、严谨、安全、质量、环保

工作岗位	主要职责	具体任务	工作流程	工作对象	工作方法	使用工具	劳动组织方式	与其他任务的关系		所需的知识、能力和职业素养
		3.机床操作与在线编程	程序导入或手工编程→在线检查并试运行→按机床操作规程,运行程序,实施加工→零件加工→零件夹具系统或编程的编程规定,调整参数及程序,直至加工完成→零件送检	●模具图纸 ●工艺文件 ●机床 ●加工程序(清单) ●相关刀、夹、量具 ●零件	●执行工艺规程 ●执行机床的操作规程与 ●执行工装操作规程 ●机床编程系统或统的编程规定 ●执行生产制度(质量、安全、环保等) ●其他企业规章制度	●计算机及相关软件 ●工艺手册 ●工装手册 ●机床设备技术资料 ●企业管理规范	●单独工作 ●两人及以上协作	机床加工操作实施部分	知识	机械制图、建模、公差与成形技术测量、材料、热表处理、机床设备、工艺与模具设计、数控加工、特种加工、模具制造工艺、企业管理、安全生产与环保
									能力	识图能力、工艺理合能力、工装选用能力、夹具找正能力、数控机床操作技能、手工编程能力、技术测量能力、资料检索能力
									职业素养	诚信、敬业、科学、严谨、安全、质量、环保
		4.机床维护与保养	清理机床→按要求实施保养程序,执行保养计划	●机床及相关技术手册 ●保养消耗材料及相关工具	●执行机床保养规定与保养程序 ●执行生产企业其他制度(质量、安全、环保等) ●执行企业规章	●机床设备技术资料 ●企业管理规范	●单独工作 ●两人及以上协作	机床加工完成后的工作,保证机床完好性	知识	机械制图、机床设备、数控加工、特种加工、模具制造工艺、企业管理、安全生产与环保
									能力	工艺理合能力、数控编程能力、机床保养能力、机床基本查故障能力、资料检索能力
									职业素养	诚信、敬业、科学、严谨、安全、质量、环保

工作岗位	主要职责	具体任务	工作流程	工作对象	工作方法	使用工具	劳动组织方式	与其他任务的关系	所需的知识、能力和职业素养
5. 模具装配调试（操作工）	1. 在理解模具结构与技术要求的基础上，制订模具装配方案、实施装配与检验操作	1. 装配模具	读图、理合模具结构与技术要求→确定装配方案（装配顺序与方法）→清理及复检模具零件及标准件→准备工具及设备→组件工艺性加工→模具总装配→合模检验	●模具图纸 ●工艺文件 ●模架及模具零部件 ●相关机械加工设备 ●装配工具及设备 ●检验工具及设备	●互换装配法 ●修配与调整配法	●计算机及相关软件 ●工艺手册 ●有关标准手册	●单独工作 ●多人集体协作	模具设计及零部件加工完成后的工作，是试模前期工作	知识：机械制图、公差与技术测量、材料、热表处理、钳工知识，成形工艺与模具设计、机床设备、模具制造工艺、企业管理、安全生产环保 能力：识图与制图能力、工艺设计能力、资料检索能力、机械加工能力、钳工技能、技术测量能力、模具装配能力、协调能力、模具检验调整能力 职业素养：诚信、敬业、科学、严谨、安全、质量、环保
	2. 参与试模及模具修配调整 3. 负责交付前的模具保养	2. 试模调整	参与试模→参与成形产品缺陷分析与修整模具→确定成形方式→修配调整模具→做好模具交付前的模具保养	●模具图纸 ●工艺文件 ●模具 ●产品原材料 ●成形设备、安装工具 ●相关机械加工设备及辅具 ●装配工具 ●检验工具 ●保养消耗材料	●执行成形工艺卡和成形设备操作规程 ●检验方法 ●成形综合质量分析讨论判断	●产品技术手册 ●有关工艺手册 ●有关材料手册 ●机床标准手册 ●机床设备技术资料	●多人集体协作	模具项目终期工作，是对模具检验与评价	知识：机械制图、公差与技术测量、材料、热表处理、成形工艺与模具设计、钳工技能、机床设备、模具制造工艺、企业管理、安全生产环保 能力：识图与制图能力、资料检索能力、钳工技能、机械加工能力、模具装配与调整能力、试模能力、修配技能、产品缺陷分析能力 职业素养：诚信、敬业、科学、严谨、安全、质量、环保

(续)

工作岗位	主要职责	具体任务	工作流程	工作对象	工作方法	使用工具	劳动组织方式	与其他任务的关系	所需的知识、能力和职业素养
6. 模具项目经理（项目管理）	1. 制订模具项目计划,并给各部门下达任务书 2. 跟踪并监控模具项目执行 3. 组织模具测试验收 4. 负责客户沟通管理	1. 给各部门下达任务书	参与项目开发→制定项目计划→下达任务书	●定单或合同 ●产品图样或模型或样品 ●产品其他技术文件 ●企业条件列表 ●计划书 ●任务书	●根据客户要求,结合企业实际条件,形成判断信息 ●优化配置资源	●计算机 ●办公软件 ●管理软件 ●专业软件 ●有关技术文件 ●企业管理规范	●单独工作 ●两人及以上协作讨论	模具项目开发第一步工作	知识：机械制图,公差与技术测量,材料,热表处理,机床设备,成形工艺与模具设计,企业管理,模具制造工艺,管理软件与专业软件,安全生产与环保 能力：识图与制图能力,工艺分析能力,管理软件与专业软件应用能力,交流沟通能力(含英语交流),计划编制能力,组织协调能力 职业素养：诚信,敬业,科学,严谨,安全,质量,环保
		2. 模具项目跟踪管理	参与模具设计与制造方案论证→跟踪项目执行情况→组织模具分析→组织模具方案修正→提交模具测试报告→与客户沟通管理	●产品图样或模型或样品 ●模具图纸 ●定单或合同 ●计划书 ●任务书 ●模具	●优化配置 ●统筹协调	●计算机 ●办公软件 ●管理软件 ●专业软件 ●有关技术文件 ●企业管理规范	●多人协作	模具项目开发过程	知识：机械制图,公差与技术测量,材料,热表处理,机床设备,成形工艺与模具设计,企业管理,模具制造工艺,管理软件与专业软件,安全生产与环保 能力：识图与制图能力,工艺分析能力,管理软件与专业软件应用能力,基本的产品检测能力,产品的缺略分析能力,模具项目管理能力,组织协调能力 职业素养：诚信,敬业,科学,严谨,安全,质量,环保

工作岗位	主要职责	具体任务	工作流程	工作对象	工作方法	使用工具	劳动组织方式	与其他任务的关系	所需的知识、能力和职业素养
		3. 模具移交	参与模具付评审→模具移交→资料归档	●定单或合同 ●模具图纸 ●模具 ●有关技术文件 ●测试报告	●执行合同 ●沟通协调	●计算机 ●办公软件 ●管理软件 ●专业软件 ●有关文件 ●企业管理规范	●多人协作	模具项目开发最后一步工作	知识：机械制图、公差与技术测量、材料、热表处理、成形工艺与模具设计、机床设备、模具制造工艺、企业管理、管理软件与专业软件、安全生产与环保
									能力：识图与制图能力、管理软件应用能力、模具测试与评审能力、组织管理与协调能力
									职业素养：诚信、敬业、科学、严谨、安全、质量、环保
7. 产品成形工艺编制和质量管理（产品成形工艺员）	1. 根据产品成形图样（模型），结合企业生产条件，编制产品成形工艺	1. 诠解客户产品的要求	理会成形产品图样→全面了解客户产品技术要求、模具工程与技术要求	●产品图样 ●成模型或成样品 ●产品其他技术文件	●根据客户产品要求、结合企业实际条件，形成判断信息	●计算机及相关软件 ●产品技术手册 ●有关工艺手册 ●有关标准手册	●单独工作 ●两人及以上协作讨论	企业开展模具项目前期工作	知识：机械制图、建模、公差与技术测量、材料、模具成形工艺、企业管理
									能力：识图与制图能力、测绘能力、工艺设计能力、专业软件应用能力（建模能力、沟通表达能力）
									职业素养：诚信、敬业、科学、严谨

工作岗位	主要职责	具体任务	工作流程	工作对象	工作方法	使用工具	劳动组织方式	与其他任务的关系	所需的知识、能力和职业素养	
	2. 指导现场生产,处理现场工艺与成形产品质量管理与控制 3. 改进与优化产品成形工艺	2. 论证产品成形工艺可行性	分析产品结构→分析产品尺寸与精度要求→分析产品材料及相关要求→形成评价意见,反馈信息	●产品图样或模型 ●产品其他技术文件	●查阅手册、计算、比较,形成判断结论	●计算机及相关软件 ●产品有关技术手册 ●工艺手册、设计手册 ●有关标准手册	●单独工作 ●两人及以上协作讨论	成形工艺与模具设计的前期工作	知识	机械制图、建模、公差与技术测量、材料、成形设备、成形工艺与模具设计、模具制造工艺、企业管理
									能力	识图与制图能力、测绘能力、资料检索能力、具体分析工件成形加工难易度的能力、工艺分析能力、沟通表达能力
									职业素养	诚信、敬业、科学、严谨
		3. 编制产品成形工艺	在工艺分析的基础上,进行工艺计算→制订工艺方案→编制产品成形工艺卡→进入工艺卡审定程序,形成反馈意见,反馈信息→客户确认,形成正式工艺文件	●产品图样或模型 ●产品其他技术文件 ●企业条件 ●工艺卡片列表	●资料检索 ●工艺计算 ●辅助设计方法	●计算机及相关软件 ●产品有关技术手册 ●工艺手册、设计手册 ●有关标准手册	●单独工作 ●两人及以上讨论 ●多部门共同评审	模具设计的前期工作,应考虑模具结构实现可能性	知识	机械制图、建模、公差与技术测量、材料、成形设备、成形工艺与模具设计、模具制造工艺、企业管理
									能力	识图与制图能力、工艺设计能力、资料检索能力、模具设计应用能力、专业软件应用能力、沟通表达能力
									职业素养	诚信、敬业、科学、严谨

工作岗位	主要职责	具体任务	工作流程	工作对象	工作方法	使用工具	劳动组织方式	与其他任务的关系	所需的知识、能力和职业素养
		4. 处理现场工艺,控制产品成形质量	根据成形工艺与模具结构,指导现场生产→处理现场工艺问题,控制产品成形质量	●产品图样、成模型 ●产品其他技术文件 ●成形工艺文件 ●模具 ●成形设备 ●有关标准文件 ●企业条件列表	●资料检索 ●执行成形工艺 ●成形设备操作规程 ●检验方法 ●质量分析 ●综合判断与解决	●产品技术手册 ●有关工艺手册 ●材料手册 ●有关标准 ●机床参数表	●两人及以上讨论 ●多部门共同分析与评审	现场检验成形工艺与模具结构方案的可行性	知识：机械制图、建模、公差与技术测量、材料、热表处理、机械零件、机械原理与机械工艺、成形工艺与模具设计、成形设备、模具制造工艺、企业管理 能力：识图与制图能力,工艺设计能力,资料检索能力,模具设计能力,产品质量分析能力及设计优化能力,沟通表达能力 职业素养：诚信、敬业、科学、严谨、安全、质量、环保
		5. 改进优化生产与成形工艺	参与质量分析→提出产品成形工艺和模具结构改进与优化方案→上报方案→审定更新工艺文件	●安装工具 ●模具 ●成形设备 ●成形产品 ●工艺文件 ●与模具图纸 ●检测工具	●资料检索 ●执行成形工艺 ●成形设备操作规程 ●检验 ●质量分析方法 ●综合分析判断与解决	●产品技术手册 ●有关工艺手册 ●材料手册 ●有关标准 ●机床参数表	●多人多部门集体协作	提升企业创新能力,促进企业进步的重要方式之一	知识：机械制图、公差与技术测量、材料、热表处理、公差与技术测量、机械原理与机械工艺设计、成形工艺与模具设计、成形设备、模具制造工艺、企业管理 能力：识图与制图能力,资料检索能力,模具设计能力,产品质量分析能力及设计优化能力,沟通表达能力 职业素养：诚信、敬业、科学、严谨、安全、质量、环保

6.4 课程结构

按照工程过程系统化的思想，将岗位（群）实际工作凝炼成典型工作，并将系列"典型工作"由难到易进行逆向排序，遵循职业成长规律和教育规律，将系列典型工作由易到难进行教学加工，形成课程体系。

根据工作的相关性（非学科知识的相关性），围绕学生职业能力培养和职业素质养成，以典型工作为中心来整合相应的知识、技能和态度，组织课程内容，形成工作任务引领型课程，并以典型零件（产品）或机床或模具为载体，将企业工作流程与规范、先进的企业文化引入课程教学中，实现教学过程与工作过程融为一体，做到"教、学、做"合一，体现工学结合特色。

模具设计与制造专业课程结构见表 6.4.1～表 6.4.4。

表 6.4.1 模具设计与制造专业课程结构

类别		课程名称	说明
公共基础课程		政治（两课）	
		高等数学	
		英语	
		计算机文化基础	
		体育	
专业技术核心课程		模具专业导论	
		机械制图及建模	理论实践一体化课程
		手工制作模具零件	理论实践一体化课程
		模具材料及热表处理方法选用	
		机构设计及制作	理论实践一体化课程
		普通机床加工技术	理论实践一体化课程
		机床控制系统的运行与维护	理论实践一体化课程
		模具数控加工技术	工学结合课程
		冲压模具设计与制造	工学结合课程
		塑料模具设计与制造	工学结合课程
		模具企业管理	
		模具专业英语	
		顶岗实习	工学结合课程
拓展课程	纵向延伸	压铸模设计与制造概论	
		先进制造技术	

（续）

类别	课程名称	说 明
公共基础课程	文献检索、应用写作等	
其他项目	入学教育	
	军事教育	
	社会综合实践	
	毕业教育	
	素质拓展	

（1）公共基础课程模块见表6.4.2。

表6.4.2 公共基础课程模块

序号	课程名称	教育目标	折算学时	备注
1	政治（两课）	人生观和价值观教育，提高思想道德素质	124	
2	高等数学	培养逻辑思维能力和数学计算能力	90	
3	英语	培养英语交流能力	270	取得英语3级证书
4	计算机文化基础	培养计算机基本应用能力	105	取得计算机应用水平1级证书
5	体育	提高身体素质，培养团队协作精神	120	

（2）专业技术课程模块见表6.4.3。

表6.4.3 专业技术课程模块

序号	课程名称	教育目标	折算学时	典型工作	典型工作任务	备注
1	机械制图及建模	（1）掌握机械图知识和公差配合知识，熟悉国家标准；（2）具备识图能力，能识读第Ⅲ象限视图；（3）具备手工和计算机绘图能力，会应用相关标准；（4）具备三维软件建模能力；（5）培养科学、严谨的素养和质量意识	290	模具图绘制及建模	识读和绘制机械零件图与装配图；以UG软件为平台建立机械零件模型	选考专业软件应用水平证书
2	手工制作模具零件	（1）掌握钳工工艺知识；（2）掌握基本钳工技能；（3）具备手工制作板类零件能力（孔系加工）；（4）具备测量工具仪器的使用能力和零件几何质量的基本检验能力；（5）培养诚信、敬业、科学、严谨的素养和安全、质量、环保意识	60	模具零件手工制作	以模板等零件为载体，以专用的方式制作技术要求达标的模具零件	选考钳工职业资格证书

144

序号	课程名称	教育目标	折算学时	典型工作	典型工作任务	备注
3	模具材料及热表处理方法选用	（1）掌握模具材料及热表处理知识；（2）具备选用模具材料和热表处理方法的能力；（3）培养科学、严谨的素养和质量意识	60	模具材料及热表处理方法选用	以成形零件和模具零件为载体，设计若干学习型工作任务，选用模具材料和热表处理方法	
4	机构设计及制作	（1）掌握力学与机械设计基础知识；（2）熟悉相关标准，具备通用零件的选用和设计能力；（3）具备选用和设计模具常用机构的能力；（4）掌握装配钳工基本技能；（5）培养诚信、敬业、科学、严谨的素养和安全、质量、环保意识	200	模具机构设计及制作	以模具常用机构为载体，完成其设计及制作。教学形式以分段和集中相结合	
5	普通机床加工技术	（1）掌握常规机械制造技术知识；（2）掌握普通机床操作技能（中级及以上水平）；（3）具备零件加工工艺编制能力；（4）具备加工工艺实施能力；（5）培养诚信、敬业、科学、严谨的素养和安全、质量、效率、环保意识	330	模具零件普通机械加工	以普通机床和机械零件为载体，完成零件从编制工艺到生产实施的全过程	选考车/铣/磨职业资格证书
6	机床控制系统的运行与维护	（1）掌握电工电子基本知识；（2）掌握机床电气控制技术知识；（3）具备机床控制系统运行与维护基本能力；（4）培养科学、严谨的素养和安全、质量意识	120	机床控制系统维护	以机床为载体，完成学习型工作任务和实际维护工作任务	
7	模具数控加工技术	（1）掌握数控切削加工和数控电加工知识；（2）掌握常用数控机床操作技能（中级及以上水平）；（3）具备数控加工工艺与程序编制能力；（4）具备电极设计能力；（5）具备模具零件数控加工工艺实施能力；（6）培养诚信、敬业、科学、严谨的素养和安全、质量、效率、环保意识	200	模具零件数控加工	以数控机床和典型模具零件为载体，完成零件从编制工艺到生产实施的全过程	选考数控铣（加工中心）/电加工职业资格证书
8	冲压模具设计与制造	（1）掌握冲压模具设计与制造知识；（2）具备采用传统手段和专业软件设计中等偏复杂冲压件的成形工艺和冲模的能力；（3）具备冲模加工工艺编制能力和实施能力；（4）掌握冲模具装配与调整的技能；（5）初步具备试模和冲压件质量分析的能力；（6）培养诚信、敬业、科学、严谨的素养和安全、质量、效率、环保意识	250	冲压模具设计与制造	以典型冲压件为载体，将软件工具融入教学过程中，分别完成冲裁模具、弯曲模具和拉深模具等典型冲压件模具的设计与制造	

序号	课程名称	教育目标	折算学时	典型工作	典型工作任务	备注
9	塑料模具设计与制造	（1）掌握塑料模具设计与制造知识；（2）具备采用传统手段和专业软件设计中等偏复杂塑件的成型工艺和塑模的能力；（3）具备塑模加工工艺编制能力和实施能力；（4）掌握塑料模具装配与调整的技能；（5）初步具备试模和塑件质量分析的能力；（6）培养诚信、敬业、科学、严谨的素养和安全、质量、效率、环保意识	250	塑料模具设计与制造	以典型塑件为载体，将软件工具融入教学过程中，分别完成二板模、三板模和抽芯模等典型注射模具的设计与制造	
10	模具企业管理	（1）掌握模具企业管理知识；（2）具备一定的生产组织管理能力；（3）具备一定的品质管理能力；（4）具备一定的模具项目管理能力；（5）培养诚信、敬业、科学、严谨的素养和安全、质量、效率、环保意识	40	模具生产组织管理	以典型模具为载体，以生产实际为模型，以行业标准为依据，完成一个模具产品生产的全过程管理工作	
11	顶岗实习	（1）综合应用所学知识，具备分析问题和解决问题能力；（2）具备顶岗工作能力；（3）培养诚信、敬业、科学、严谨的素养和安全、质量、效率、环保意识	450	模具设计与制造工作能力	在模具企业环境中，完成具体岗位工作任务，实现从学生到员工的角色转变	

（3）专业拓展课程模块见表6.4.4。

表6.4.4 专业拓展课程模块

序号	课程名称	教育目标	折算学时	备注
1	压铸模设计与制造概论	了解压铸模设计与制造基本知识	30	
2	先进制造技术	了解先进设计方法、加工技术及管理技术知识	20	
3	航空概论	了解航空技术基本知识	20	

6.5 实施性教学安排

以下是成都航空职业技术学院模具设计与制造专业2007级的专业实施性教学计划（表6.5.1～表6.5.6）。

表 6.5.1 课程及教学环节学时分配表

（适用专业：模具设计与制造；年级：2007；班级：10734、10735、10736）

课程层次		课 程 名 称	总学时	备注
公共基础学习领域课程	1	两课	112	
	2	形势与政策	16	
	3	体育	104	
	4	实用英语	208	
	5	英语强化专周	30	考证
	6	高等数学	90	
	7	计算机文化基础	75	
	8	《计算机文化基础》技能训练	30	考证
专业技术学习领域课程	1	模具专业导论	16	教学做合一
	2	机械制图及建模	300	教学做合一
	3	手工制作模具零件	60	教学做合一
	4	模具材料及热表处理方法选用	60	教学做合一
	5	机构设计及制作	144	教学做合一
	6	普通机床加工技术（含"机工操作考证"）	362	考证
	7	机床控制系统运行与维护	114	教学做合一
	8	模具数控加工技术	210	工学结合
	9	冲压模具设计与制造	260	工学结合
	10	塑料模具设计与制造	250	工学结合
	11	模具企业管理	50	工学结合
	12	模具专业英语	30	
	13	顶岗实习	510	工学结合
拓展学习领域	1	压铸模概论	30	
选修学习领域	1	文献检索、应用写作等	160	
其他	1	入学教育		
	2	军事训练		
	3	社会综合实践		
	4	素质拓展		素质拓展内涵：卫生常识教育、安全保密教育、礼仪教育、校内岗位实践、义务劳动等

表 6.5.2　专题讲座（必修课）与选修课

课号	课程名称	学时	学分	专题讲座与选修课时间					
				一期	二期	三期	四期	五期	六期
1Y352	军事课	36	已记	36					
42558	心理学概论	26	1.5	10	8		8		
11207	航空概论	8	0.5	8					
40566	形势与政策	48	已记	12	12	12	12		
YY002S	毕业就业指导	25	0.5	5	5	5	5	5	
合计：5		127	2.5						
选修课（任选）时间/学分		160	10			4	4	2	
备注	1.《军事课》安排在军训期间进行； 2.《心理学讲座》由学生部心理咨询室负责； 3.《航空概论》由教务处负责； 4.《形势与政策》：每学期由政治教研室承担 4 学时讲座，共计 16 学时，其余 32 学时由学生部负责； 5. 选修课程见公共选修课一览表，由教务处负责								

表 6.5.3　三年制高职模具设计与制造专业职业技能鉴定和职（专）业资格考试安排

序号	考证名称	考核等级	考核时间安排
1	英语等级证书	大学英语二级/三级	第三学期
2	计算机等级证书	全国计算机等级考试一级或 四川省职教计算机等级证书二级	第一/二学期

表 6.5.4　教学环节周数统计

内容	实验	实训专周	顶岗实习	入学教育	军事教育	社会综合实践	素质拓展	实践环节累计周数	理论教学周数	教学总周数	实践环节周数与教学总周数之比/%
周数	1.6	30	17	1	2	2	1	54.6	60.4	115	47.48

表 6.5.5　学时、学分分配

教学环节类型	理论学时	实践学时		理论教学学时比例/%	实践教学学时比例/%	教学环节学时比例/%
		实验/学时	实训/周			
公共课（含军训、社会实践等）	557	48	8	15.52	8.03	23.55
专业必修课	1076	45		29.99	37.63	67.61
专业限选课	30			0.84		0.84
任选课课程	160			4.46		4.46
专题讲座	127			3.54		3.54
合计		3588		54.35	45.65	100.00

表 6.5.6　学生应修学分和应取得的证书

教学环节类型	应修学分	教学环节学分比例/%	应取得的证书
公共课（含军训、社会实践等）	38	27.14	1. 英语等级证书 2. 计算机等级证书 3. 铣/磨/钳工中级及以上职业资格证书 4. 数控铣（加工中心）/电加工中级及以上职业资格证书
专业必修课	88.5	63.21	
专业限选课	1	0.71	
任选课课程	10	7.14	
专题讲座	2.5	1.79	
合计	140		

6.6　学习方法与要求

模具专业的所有课程（包括公共基础课、专业技术课和专业拓展课程）都具有很强的实践性、综合性、实用性、针对性和先进性，理论与实践、传统技术与现代技术结合十分紧密，尤其是以专业技术课更明显具有以上特点。在这些专业课程的学习过程中，首先要端正态度，掌握科学的学习方法，才能实现学习目标。

（1）调整心态，准确定位，明确学习目标。

高职教育作为高等教育发展中的一个类型，肩负着培养适应生产、建设、服务和管理第一线的高技能人才的使命，在我国的经济建设与社会发展中有着不可替代的作用。高技能人才是在生产和服务一线从业者中，掌握精深专门知识和具备精湛操作技能，能手脑并用的高级应用型人才，具有应用性、手脑并用、技能强、素质高的特征。它是人才队伍中不可缺少的重要组成部分，是经济社会发展急需人才。

（2）培养专业兴趣，科学规划职业生涯。

（3）养成良好的学习习惯，探索适合自身的学习方法，学会学习。

（4）知识学习、技能训练与素质养成要并重；专业能力培养、方法能力培养与社会能力培养要并重。

（5）要理论联系实践，工学结合，多看、多想、多练、多记；要善于总结归纳，融会贯通，掌握规律和方法；要灵活应用方法、手段和标准。

（6）要通过有关职业技能等级鉴定，取得"双证"，提高就业竞争力。

思考与练习

1. 请调查近几年来模具行业发展与模具专业高职毕业生就业的关系，并分析就业的现状与前景。

2. 请制定自己的学习计划和职业规划。

3. 模具行业的工作人员应该具备怎样的专业素质和职业道德？

参 考 文 献

[1] 王华侨，李玉丰，毛克祥. 大型 SMC 复合材料艇身整体模压成型技术应用研究与开发. 东方模具，2010（3）.
[2] 刘建超，张宝忠. 冲压模具设计与制造. 北京：高等教育出版社，2010.
[3] 李学锋. 塑料模具设计与制造. 北京：机械工业出版社，2010.
[4] 李学锋. 冲压成形工艺及模具. 北京：高等教育出版社，2010.
[5] 陈剑鹤. 模具设计基础. 第 2 版. 北京：机械工业出版社，2009.
[6] 苏伟. 模具概论. 北京：人民邮电出版社，2010.
[7] 王鹏驹，陈虹. 冲压模具设计师手册. 北京：机械工业出版社，2009.
[8] 中国机械工程学会，中国模具设计大典编委会. 中国模具设计大典. 南昌：江西科学技术出版社，2003.
[9] 赵英才. 冲压模具工入门. 杭州：浙江科学技术出版社，1999.
[10] 陈培里. 型腔模具工入门. 杭州：浙江科学技术出版社，2001.
[11] 王耀辉. 冲压新工艺新技术实务全书. 北京：中国科学技术出版社，2006.
[12] 阎亚林. 塑料模具图册. 北京：高等教育出版社，2004.
[13] 瑞斯 H. 模具工程. 朱元吉，等译. 北京：化学工业出版社，1999.
[14] 张佑生. 塑料模具计算机辅助设计. 北京：机械工业出版社，1999.
[15] 李军. 模具 CAD/CAM. 北京：国防工业出版社，2008.
[16] 彭建生. 模具设计与加工速查手册. 北京：机械工业出版社，2005.